江苏省“十四五”时期重点出版物出版专项规划项目

南水北调后续工程高质量发展·大型泵站标准化管理系列丛书

管理要求
管理行为
管理信息

GUANLI YAOQIU GUANLI XINGWEI GUANLI XINXI

南水北调东线江苏水源有限责任公司◎编著

河海大学出版社
HOHAI UNIVERSITY PRESS
·南京·

图书在版编目(CIP)数据

管理要求、管理行为、管理信息 / 南水北调东线江苏水源有限责任公司编著. -- 南京 ：河海大学出版社，2022.2(2024.1 重印)

(南水北调后续工程高质量发展·大型泵站标准化管理系列丛书)

ISBN 978-7-5630-7382-5

Ⅰ. ①管… Ⅱ. ①南… Ⅲ. ①南水北调—泵站—标准化管理 Ⅳ. ①TV675—65

中国版本图书馆 CIP 数据核字(2021)第 270840 号

书　　名	**管理要求、管理行为、管理信息**
书　　号	ISBN 978-7-5630-7382-5
责任编辑	彭志诚　齐　岩
特约校对	薛艳萍
装帧设计	徐娟娟
出版发行	河海大学出版社
地　　址	南京市西康路 1 号(邮编:210098)
网　　址	http://www.hhup.cm
电　　话	(025)83737852(总编室)
	(025)83722833(营销部)
经　　销	江苏省新华发行集团有限公司
排　　版	南京布克文化发展有限公司
印　　刷	广东虎彩云印刷有限公司
开　　本	787 毫米×1092 毫米　1/16
印　　张	8.5
字　　数	205 千字
版　　次	2022 年 2 月第 1 版
印　　次	2024 年 1 月第 2 次印刷
定　　价	52.00 元

丛书编委会

管理要求、管理行为、管理信息

本册主编 王亦斌 莫兆祥

副 主 编 沈昌荣 祁 洁 王从友

编写人员 杨登俊 简 丹 杜鹏程 张俊豪 范明业 卞新盛 刘佳佳 贾 璐 杨红辉 刘家国 赵 虎 谢海洋 王晓森 辛 欣 纪 恒 张 苗 杨 光 董宇龙 吴志峰

序

我国人多水少，水资源时空分布不均，水资源短缺的形势十分严峻。20世纪50年代，毛泽东主席提出了“南水北调”的宏伟构想，经过了几十年的勘测、规划和研究，最终确定在长江下、中、上游建设南水北调东、中、西三条调水线路，连接长江、淮河、黄河、海河，构成我国水资源“四横三纵、南北调配、东西互济”的总体格局。2013年11月15日南水北调东线一期工程正式通水，2014年12月12日南水北调中线一期工程正式通水，东中线一期工程建设目标全面实现。50年规划研究，10年建设，几代人的梦想终成现实。如今，东中线一期工程全面通水7年，直接受益人口超1.4亿。

近年来，我国经济社会高速发展，京津冀协同发展、雄安新区规划建设、长江经济带发展等多个区域重大战略相继实施，对加强和优化水资源供给提出了新的要求。习近平总书记分别于2020年11月和2021年5月两次调研南水北调工程，半年内从东线源头到中线渠首，亲自推动后续工程高质量发展。“南水北调东线工程要成为优化水资源配置、保障群众饮水安全、复苏河湖生态环境、畅通南北经济循环的生命线。”“南水北调工程事关战略全局、事关长远发展、事关人民福祉。”这是总书记对南水北调工程的高度肯定和殷切期望。充分发挥工程效益，是全体南水北调从业者义不容辞的使命。

作为南水北调东线江苏段工程项目法人，江苏水源公司自2005年成立以来，工程建设期统筹进度与管理，突出管理和技术创新，截至目前已有8个工程先后荣获“中国水利优质工程大禹奖”，南水北调江苏境内工程荣获“国家水土保持生态文明工程”，时任水利部主要领导给予“进度最快、质量最好、投资最省”的高度评价；工程建成通水以来，连续8年圆满完成各项调水任务，水量、水质持续稳定达标，并在省防指的统一调度下多次投入省内排涝、抗旱等运行，为受涝旱影响地区的生产恢复、经济可持续发展及民生福祉保障提供了可靠基础，受到地方政府和人民群众的高度肯定。

多年的南水北调工程建设与运行管理实践中，江苏水源公司积累了大量宝贵的经验，形成了具有自身特色的大型泵站工程运行管理模式与方法。为进一步提升南水北调东线江苏段工程管理水平，构建更加科学、规范、先进、高效的现代化工程管理体系，江苏水源公司从 2017 年起，在全面总结、精炼现有管理经验的基础上，历经 4 年精心打磨，逐步构建了江苏南水北调工程“十大标准化体系”，并最终形成这套丛书。十大标准化体系的创建与实施，显著提升了江苏南水北调工程管理水平，得到了业内广泛认可，已在诸多国内重点水利工程中推广并发挥作用。

加强管理是工程效益充分发挥的基础。江苏水源公司的该套丛书作为“水源标准、水源模式、水源品牌”的代表之作，是南水北调东线江苏段工程标准化管理的指导纲领，也是不断锤炼江苏南水北调工程管理队伍的实践指南。管理的提升始终在路上，真诚地希望该丛书出版后能得到业内专业人士的指点完善，不断提升管理水平，共同成就南水北调功在当代、利在千秋的世纪伟业。

中国工程院院士：

2022年元月

目录

管理要求

管理行为

管理信息

管理要求

1 范围

本标准规定了南水北调东线江苏水源有限责任公司辖管泵站工程建筑物及设备管理过程中运行、维护、检查等具体要求。

本标准适用于南水北调东线江苏水源有限责任公司辖管泵站工程，类似工程可参照执行。

2 规范性引用文件

下列文件对于本标准的应用是必不可少的。凡是注日期的引用文件，仅注日期的版本适用于本标准。凡是未注日期或版本号的引用文件，其最新版本适用于本标准。

GB 26860 电力安全工作规程　发电厂和变电站电气部分

GB 2894 安全标志及其使用导则

GB 50179 河流流量测验规范

GB 50265 泵站设计规范

SL255 泵站技术管理规程

SL316 泵站安全鉴定规程

SL317 泵站设备安装及验收规范

SL247 水文资料整编规范

NSBD16—2012 南水北调泵站工程管理规程

NSBD21—2015 南水北调东、中线一期工程运行安全监测技术要求

DL/T572 电力变压器运行规程

3 术语和定义

3.1 主机组

泵站主水泵、主电动机及其传动装置的统称。

3.2 辅助设备

为主机组配套的设备，主要包括油、气、水、通风系统的设备。

3.3 低压

用于配电的交流系统中 1 000 V 及其以下的电压等级。

3.4 高压

通常指超过低压的电压等级，特定情况下，指电力系统中输电的电压等级。

3.5 高压变频器

利用电力半导体的通断作用，将高压工频电源变为另一频率的高压电能控制装置。

3.6 气体绝缘金属封闭开关设备

由断路器、隔离开关、接地开关、电压互感器、电流互感器、避雷器、母线、电缆终端、进出线套管等，经优化设计有机组合成的一个整体。

3.7 监控系统

利用计算机、可编程序控制器、通信、传感器等技术对生产过程实时监视和控制的系统。

3.8 现地控制单元

采用可编程序控制器或其他智能控制器作为核心,并配有其他自动化仪表的成套装置,可实现对现场设备进行控制和调节,并对主要运行参数进行监视、测量和报警。

3.9 金属结构

水利工程中的闸门及启闭机、拦污栅、清污机、金属管道等设备的统称。

3.10 垂直位移

建筑物在垂直方向的移动。

3.11 水平位移

建筑物在水平方向的移动。

3.12 扬压力

渗入建筑物及其地基内的水作用在建筑物底面,方向向上的水压力。

3.13 测压管

埋在建筑物中,用于测量渗透压力的设施。

3.14 工作基点

为直接测定观测点的较稳定的控制点,分垂直位移工作基点和水平位移工作基点。

4 建筑物

4.1 基本要求

(1) 泵站工程建筑物应进行正常的维护,并根据运行情况进行必要的维修和养护。

(2) 泵站工程现场管理单位应针对泵站运行及管理特点,制订建筑物防汛预案。泵站建筑物的使用应按设计标准,当超标运用时应报分公司批准后按应急预案实施。

(3) 不应在泵站建筑物周边兴建危及泵站安全的工程或进行其他施工作业。

(4) 针对泵站现场情况,对建筑物进行必要的定期巡查及检查。

(5) 泵站工程现场管理单位应根据泵站特点合理确定工程观测任务书,报分公司批准后执行。

(6) 泵站工程现场管理单位应每两年对建筑物进行全面评级,并将评级结果报分公司。

(7) 建筑物应根据当地的具体情况,采取有效防冻和防凌措施。

4.2 具体要求

建筑物及相关附属设施具体管理要求详见附录A。

5 机电设备

5.1 基本要求

(1) 所有机电设备都应进行编号,并固定在明显位置。

(2) 长期停用和大修后的机组投入运行前,应进行试运行。

(3) 机电设备的操作应按操作作业指导书进行。

(4) 机电设备在启动和运行过程中应监测设备的声音及振动,并注意其他异常情况。

(5) 对运行设备应定期巡视检查。

(6) 机电设备在运行过程中发生故障,应查明原因并及时处理。

(7) 泵站工程现场管理单位应根据设备的使用情况和技术状态,编报年度维修计划。

(8) 对运行中发现的设备缺陷,应及时处理。对易磨易损部件进行清洗检查、维护修理,更换、调试应适时进行。

(9) 每台机电设备应有下述内容的技术档案:使用维护说明书、技术图纸、试验记录、运行记录以及设备台账、责任管理卡等。

5.2 具体要求

机电设备具体管理要求详见附录 B。

6 计算机监控系统

6.1 基本要求

(1) 应建立健全计算机监控系统的维护管理制度,制订计算机监控系统事故应急处理预案。

(2) 计算机监控系统的维护应由系统管理员负责,系统维护人员和操作人员的权限应由系统管理员授权。

(3) 应定期对计算机监控系统进行维护。对计算机监控系统进行维护时,应使用专用的便携计算机、移动存储介质(软盘、移动硬盘、光盘、U 盘),非专用的便携计算机、移动存储介质不得接入计算机监控系统网络。

(4) 应定期做好应用软件及数据库文件的备份与存档。

(5) 计算机监控系统硬件维修更换、软件升级完善等工作应记录。

6.2 具体要求

计算机监控系统具体管理要求详见附录 C。

7 防汛物资及备品备件

7.1 基本要求

(1) 泵站工程现场管理单位应结合工程实际储备备品备件,对一些常规性、容易采购的标准件一般不作为备品备件。

(2) 现场管理储备防汛物资采用自储备和代储备相结合的原则,对一些不经常使用且数量较大的防汛物资可采用代储方式,与地方防汛物资仓库签订代储协议。

7.2 具体要求

防汛物资及备品备件具体管理要求详见附录 D。

8 水文测报

8.1 基本要求

（1）各测站严格按照省、市防指下达的报汛任务要求进行流量测验。

（2）各测站严格按照省、市防指下达的报汛任务要求进行水位、潮位、流量等项目的报汛。

（3）各测站严格按照规范要求，完成资料整理、在站整编。

（4）各测站按照规范要求完成水准、断面测量。

（5）对本站的水文测报设施进行现场管理及相关的维护。

8.2 具体要求

水文测报具体管理要求详见附表 E。

9 工作场所

9.1 基本要求

（1）工作场所建筑物屋顶及墙体无渗漏、无裂缝、无破损，墙体干净整洁、无蛛网、积尘及污渍，落水管无破损、无阻塞，固定可靠。

（2）工作场所门窗完好、开关灵活，室内采光及通风良好，地面平整、地面砖等无破损、无裂缝及油污等。

（3）工作场所照明灯具安装牢固、布置合理、亮度适中，各类开关、插座面板齐全，标识清楚，使用可靠。

（4）防雷接地装置无破损、无锈蚀，连接可靠，每年委托有资质单位开展 1 次检测。

9.2 具体要求

工作场所具体管理要求详见附录 F。

10 考核评价

10.1 考核组织

管理要求考核由公司、分公司组织。

10.2 考核标准及内容

根据相关工程管理考核办法，对照评分标准，对泵站工程建筑物、机电设备、防汛物资及备品备件、工作场所等是否符合要求进行考核。

附录 A 建筑物管理要求

A.1 泵房

序号	项目	管理标准
1	一般要求	1. 环境整洁，泵房内外无垃圾杂物，室内室外每天打扫1次卫生； 2. 泵房窗户、玻璃及落水管无破损，保持门窗清洁，泵站玻璃幕墙每年至少全面保洁1次； 3. 泵房表面应无破损剥落、露筋、钢支撑构件锈蚀等现象； 4. 进出水流道和水下建筑物无裂缝和渗漏； 5. 泵房无渗漏，通风良好
2	照明要求	室内日常照明设备良好，事故照明正常
3	配置要求	满足《管理条件》中表A11、表A12和表A13对电机层、联轴层、水泵层的配置要求
4	巡视路线	泵房内应设置巡视路线标识
5	维护要求	1. 按规范开展建筑物垂直位移、水平位移和伸缩缝的观测，当产生不均匀沉降影响建筑物稳定时，应及时报告并采取补救措施； 2. 泵房屋面排水设施应完好无损，天沟及落水斗、落水管应保证排水畅通，屋面应无渗漏雨现象
6	运行期巡查	每班1次，巡视内容及要求按照《管理表单》中表124对泵站运行巡视要求进行
7	经常性检查	每月不少于1次，按照《管理表单》中表67经常性检查记录的要求进行
8	定期检查	每年2次，分别为汛前定期检查与汛后定期检查，按照《管理表单》中表22建筑物定期检查表执行
9	特别检查	在地震、大风、暴雨等自然灾害或重大工程事故、超标准应用时应开展特别检查，按照《管理表单》中表68至表71特别检查的要求开展
10	水下检查	每2年对泵站进出水流道组织1次水下检查。遇到突发故障或事故，根据工作需要，可及时组织水下检查。按照《管理表单》中表72泵站工程水下检查记录进行
11	设备评定级	每2年1次，按照《管理表单》中表107主泵房等级评定表开展

A.2 进出水池及引河

序号	项目	管理标准
1	一般要求	1. 整体完好，进出水池底板、护坡无破损和渗漏； 2. 无大量泥沙淤积情况，无影响水流流态、水流阻力增加情况
2	配置要求	满足《管理条件》表 A.1 泵站及上下游引河的配置要求
3	维护要求	泵站进出水池前的杂草、杂物应及时清除，清污机传送带及拦污栅上的杂草、杂物应及时清除
4	运行期巡查	每班 1 次，按照《管理表单》中表 124 运行巡视要求逐项巡查
5	经常性检查	每月不少于 1 次，按照《管理表单》中表 67 经常性检查记录进行
6	定期检查	每年 2 次，分别为汛前定期检查与汛后定期检查，按照《管理表单》中表 22 建筑物定期检查表执行
7	特别检查	在地震、大风、暴雨等自然灾害或重大工程事故、超标准应用时应开展特别检查，按照《管理表单》中表 69 至表 71 特别检查的要求开展
8	水下检查	每 2 年对泵站进出水池护底、伸缩缝组织 1 次水下检查，按照《管理表单》中表 72 泵站工程水下检查进行
9	设备评定级	每 2 年 1 次，按照《管理表单》中表 108 进出水池等级评定表开展

A.3 安全监测设施

<table>
<tr><th>序号</th><th colspan="2">项目</th><th>管理标准</th></tr>
<tr><td rowspan="4">1</td><td rowspan="4">一般要求</td><td>基点</td><td>外观整洁、保护完好、标识清晰，无锈斑、缺损现象，保护盖开启方便；沉陷点、测压管能正常观测使用</td></tr>
<tr><td>水尺</td><td>安装牢固、表面清洁、标尺数字清晰，每半年检查维保 1 次，每年对高程进行校测</td></tr>
<tr><td>断面桩</td><td>埋设牢固、编号准确、标志明显</td></tr>
<tr><td>水质监测站</td><td>室内整洁，仪器仪表完好</td></tr>
<tr><td>2</td><td colspan="2">配置要求</td><td>满足《管理条件》中表 A.1 泵站及上下游及引河的配置要求</td></tr>
<tr><td>3</td><td colspan="2">巡视路线</td><td>沿巡视路线开展巡视，详细记录巡视内容</td></tr>
<tr><td>4</td><td colspan="2">观测要求</td><td>1. 对工作基点开展定期校测，按照国家一级水准观测要求校核。
2. 垂直位移、水平位移每季度观测 1 次；河床断面每年观测 2 次；测压管水位观测每周 1 次；伸缩缝每月观测 2 次</td></tr>
<tr><td>5</td><td colspan="2">经常性检查</td><td>每月不少于 1 次，按照《管理表单》中表 67 经常性检查进行</td></tr>
<tr><td>6</td><td colspan="2">定期检查</td><td>每年 2 次，分别为汛前定期检查与汛后定期检查，按照《管理表单》中表 26 工程监测设施定期检查表执行</td></tr>
</table>

A.4 垂直位移观测

序号	项目		管理标准
1	一般要求	数值	垂直位移量以向下为正,向上为负
		精度	垂直位移观测、工作基点考证应符合一等水准要求,闭合差限差≤ $2\sqrt{F}$mm(F 为闭合线路长度,km)
		视距	一等垂直位移观测视线长度≤30.0 m,前后视距差≤1.0 m,任一测站前后视距差累计≤3.0 m,铟钢尺读数范围在 0.65～2.8 m 之间,两次读数的差≤0.3 mm,两次所测高差之差≤0.4 mm
		i 角检验	每次观测前应对仪器 i 角进行检验。一、二等观测作业,i 角应不大于 15″;三、四等水准测量作业 i 角应不大于 20″
		环境	进行观测时,应同时观测上下游水位、风力、风向、气温等。出现如下情况应暂停观测:日出与日落前 30 min 内;太阳中天前后约 2 h;标尺分划线的影像跳动,难以照准时;气温突变时;雨天或风力过大,标尺与仪器不能稳定时
		路线	观测线路应固定,在固定站点、转点位置设置相应标记
		基面	每个工程或测区应采用同一水准基面
2	工作基点		每个工程或测区应单独设置工作基点,数量不应少于 3 个,工程附近有国家二等以上水准点的可直接引用,但其高程应与工作基点进行联测后确定。见附图 1 和图 2
3	标点布置		垂直位移标点应埋设在每块底板四角、空箱岸(翼)墙四角、重力式或扶壁式岸(翼)墙、挡土墙的两端。反拱底板应埋设在每个闸墩的上下游端。见附图 3
4	标点形式		水准标点的圆球部位应采用不锈钢制作,圆盘和底座可用普通钢材,分为直立式和墙角式两种。见附图 4、图 5
5	标点防护		垂直位移标点应坚固可靠,并与建筑物牢固结合,水闸、泵站垂直位移标点应采用铜质或钢质不锈钢材料制作;堤防的垂直位移标点应预制成混凝土块,将铜或不锈钢标点浇筑其中,见附图 6
6	标点标识		观测标点应按照《国家一、二等水准测量规范》(GB/T 12897—2006)规定进行编号,并在适应位置明示。一般采用不锈钢或坚硬石材制作,牢固镶嵌在墙面或地面上,顶面与建筑物表面持平,见附图 7
7	线路标识		垂直位移观测应按设计好的线路图进行观测。泵站工程垂直位移观测线路设计见附图 8,其他工程观测线路设计可参照执行
8	巡视检查		巡视检查分为日常检查、年度检查和特别检查,应根据工程的具体情况和特点,制定切实可行的检查制度,明确规定巡视的时间、部位、内容、方法、路线、记录和人员。检查要求和要领可参照《南水北调东、中线一期工程运行安全监测技术要求(试行)》(NSBD21—2015)第五章有关条款执行
9	观测方法		泵站工程的工作基点考证及垂直位移标点观测均采用一等水准单路线往返的方法观测

续表

序号	项目	管理标准
10	定期观测	工程完工后，应每季度观测1次。发生超过设计标准运用或其他影响建筑物安全的情况时，应随时增加测次
11	观测成果	主要包括： 1. 工作基点考证表，在工作基点埋设时填制，并绘制基点结构图； 2. 工作基点高程考证表，埋设工作基点，校测工作基点高程时填制； 3. 垂直位移标点考证表，埋设混凝土标点时填制，并绘制标点结构图； 4. 垂直位移标点高程考证表，埋设标点高程考证时填制； 5. 垂直位移观测报表，每次观测后填制； 6. 垂直位移观测成果表； 7. 垂直位移量变化统计表； 8. 垂直位移量横断面分布图； 9. 垂直位移变化过程线
12	其他事项	1. 在观测设施附近应设立标志牌等进行宣传保护，在日常管理工作中应确保不受交通车辆、机械碾压和人为活动等破坏。 2. 工作基点埋设后，应经过至少一个雨季才能启用；垂直位移标点埋设15天后才能启用

A.5 引河河床断面观测

序号	项目		管理标准
1	河床断面数据	数值	起点距从左岸断面桩起算,向右为正,向左为负
		读数	测深杆应在垂直状态时读数,测深杆按 0.1 m 分划
		精度	应按四等水准要求接测
2	断面桩		断面两岸应埋设固定观测断面桩,断面连接线即为断面测量方向线,见附图 9
3	标点防护		按国家四等水准点要求进行保护
4	断面布置		断面两岸应埋设固定观测断面桩,断面连接线即为断面测量方向线。断面桩要求 15 cm×15 cm×80 cm 的钢筋混凝土预制桩或大理石桩,桩顶设置钢制标点,埋入地面以下部分应不小于 50 cm,并用混凝土固定
5	断面编号		建筑物引河断面编号按上、下游分别编列,以“C. S. n 上(下)×+×××”表示,“n”表示断面的顺序,“×+×××”表示引河断面至建筑物中心线距离。见附图 10
6	巡视检查		巡视检查分为日常检查、年度检查和特别检查,应根据工程的具体情况和特点,制定切实可行的检查制度,明确规定巡视的时间、部位、内容、方法、路线、记录和人员。检查要求和要领可参照《南水北调东、中线一期工程运行安全监测技术要求(试行)》(NSBD 21—2015)
7	定期观测		建筑物引河每半年各观测 1 次,遇工程泄放大流量或超标准运用、单宽流量超过设计值、冲刷或淤积严重且未处理等情况,应增加测次;大断面每 5 年观测 1 次,地形发生显著变化后应及时观测
8	观测方法		岸上地形观测,可采用常规测量仪器或微波定位仪、全站仪、GPS 全球定位系统等仪器。河道水下地形观测一般采用横断面法或散点法。水面高程的测定可采用直接测定法或间接测定法
9	观测成果		主要包括: 1. 河床断面布置示意图; 2. 河床断面桩顶高程考证表; 3. 河床断面观测成果表; 4. 河床断面冲淤量比较表; 5. 水下地形图
10	高程考证		河床断面桩桩顶高程考证参照四等水准测量进行考证。断面桩桩顶高程考证每 5 年观测 1 次,如发现断面桩缺损,应及时补设并进行观测
11	其他事项		固定断面及建筑物大断面水上部分应测至堤防背水坡堤脚,陆上地形如没变化,测次较密的一般河道固定断面可套用以前的资料。水上断面与水下断面必须衔接,水上、水下不能同时测量时,应防止由于水位涨落而造成空白区

A.6 水平位移观测

序号	项目		管理标准
1	水平位移数据	数值	水平位移量以向下游为正，向上游为负，向左岸为正，向右岸为负
		精度	工作基点的水平位移量应小于 4 mm
2	标点样式		观测标点、工作基点和校核基点的结构应坚固可靠，且不易变形。工作基点一般采用整体钢筋混凝土结构，立柱高度以司镜者操作方便为主，但应大于 1.2 m。立柱顶部强制对中底盘地对中误差应小于 0.1 mm。如附图图 11 所示
3	标点防护		观测墩及标点上设置直径 25 cm 白色圆形塑料保护罩。在观测设施附近应设立标志牌等进行宣传保护，日常管理工作中应确保不受交通车辆、机械碾压和人为活动等破坏
4	测点编号		观测标点编号以“□□××”表示，“□□”表示工程名称，第一位数字表示断面号，第二位数字表示水平位移测点在同一断面从迎水侧至背水侧的序号。见附图图 12
5	巡视检查		巡视巡查分为日常巡视检查、年度巡视检查、特别巡视检查，应根据工程的具体情况和特点，制订切实可行的检查制度，明确规定巡视的时间、部位、内容、方法、路线、记录和人员。检查要求和要领可参照《南水北调东、中线一期工程运行安全监测技术要求(试行)》(NSBD 21—2015)
6	定期观测		水平位移观测应每季度观测 1 次，当水位超过设计洪水位、遇有水位骤降等特殊情况时，应增加测次
7	观测方法	视准线法	断路器、隔离开关、接地开关及快速接地开关位置应指示正确，并与实际运行工况相符
		小角度法	各种指示灯、信号灯和带电监测装置的指示应正常，控制开关的位置应正确，控制柜内加热器的工作状态应按规定投入或退出
		三角网法	各种压力表和液面计的指示值应正常
		静态 GPS 法	观测时每次观测时长应大于 50 min，每一测点应观测 2 次，2 次误差应小于 2 mm 并取其平均值
		全站仪坐标法	采用全站仪坐标法要求用全圆测回法且不少于 4 个测回，4 测回的测点水平坐标误差均应小于 2 mm 并取其平均值
8	观测成果		主要包括： 1. 水平位移工作基点考证表(视准线法)； 2. 水平位移观测标点考证表； 3. 水平位移统计表； 4. 累计水平位移过程线； 5. 建筑物纵断面水平位移量分布图； 6. 水平位移与上游水位关系曲线； 7. 混凝土建筑物水平位移量、混凝土温度、上游水位关系曲线
9	定期校核		工作基点应每年利用校核基点时校测 1 次

A.7 伸缩缝观测

序号	项目		管理标准
1	伸缩缝数据	数值	伸缩缝观测值，开合方向以张开为正，闭合为负
		精度	伸缩缝观测精度精确到 0.1 mm
2	标点样式		建筑物伸缩缝观测标点应布置在建筑物顶部、挡水建筑物的迎水侧、跨度（或高度）较大或应力较复杂的结构伸缩缝上。建筑物伸缩缝观测标点采用三点式金属标点，如附图 13 所示
3	标点编号		观测标点底板部位用三位阿拉伯数码编写，前二位表示所在底板（底板编号不足两位时，第一位为 0），第三位数字为同一组测压管自上游至下游的排列顺序号；岸、翼墙的测压管分别按□□□××型式编写，□□□注明左（右）岸或上（下）左（右）翼，第一位数字表示分段，第二位数字表示该管编号，并在适应位置明示。一般采用不锈钢或坚硬石材制作，牢固镶嵌在墙面或地面上，顶面与建筑物表面持平，如附图 14 所示
4	巡视检查		巡视巡查分为日常巡视检查、年度巡视检查、特别巡视检查，应根据工程的具体情况和特点，制定切实可行的检查制度，明确规定巡视的时间、部位、内容、方法、路线、记录和人员。检查要求和要领可参照《南水北调东、中线一期工程运行安全监测技术要求（试行）》（NSBD 21—2015）
5	定期观测		工程竣工后每月观测 2 次，当发生历史最高、最低水位，历史最高、最低气温，超标准使用等特殊情况时，应增加测次；地基情况复杂的建筑物或发现伸缩缝变化异常时，应增加测次
6	观测方法		建筑物伸缩缝观测标点采用三点式金属标点或型板式三向标点，金属标点和型板式标点法用游标卡尺测量
7	观测成果		主要包括： 1. 伸缩缝观测标点考证表； 2. 伸缩缝记录表； 3. 伸缩缝成果比较表； 4. 伸缩缝宽度与建筑物温度、气温过程线
8	其他要求		观测建筑物伸缩缝时，应同时观测建筑物温度、气温、上下游水位等相关因素

A.8 测压管水位观测

序号	项目		管理标准
1	一般要求	外观	管口应高于地面，并加保护装置，防止雨水进入和人为破坏，在测压管顶部管壁侧面钻排气孔
		水位高程	测压管水位高程等于测压管管口高程减管口至测压管水面的距离
		材质	采用镀锌钢管或硬塑料管
		尺寸	内径不应大于 50 mm
2	布置要求		每一个测压管可独立设一测井，也可将同一断面上不同部位的测压管合用一个测井，优先选择前一种测井型式。测点的数量及位置，应根据水闸、泵站的结构形式、地下轮廓线形状和基础地质情况等因素确定，并应以能测出基础扬压力的分布和变化为原则，一般布置在地下轮廓线有代表性的转折处，建筑物底板中间应设置一个测点；沿建筑物的岸墙和工程上、下游翼墙应埋设适当数量的测点，对于土质较差的工程墙后测压管应加密。如附图 15 所示
3	测压管防护		测压管上部应设置钢质保护罩，其尺寸应与现场测压管管口一致，并与管体连接牢固，如附图 16 所示
4	观测编号		水闸、泵站底板部位用三位阿拉伯数码编写，前二位表示所在底板(底板编号不足两位时，第一位为 0)，第三位数字为同一组测压管自上游至下游的排列顺序号；岸、翼墙的测压管分别按□□□××型式编写，□□□注明左(右)岸或上(下)左(右)翼，第一位数字表示分段，第二位数字表示该管编号。堤防：可顺堤按里程号命名，堤防左右岸应分别编号，如×××－×××－(左或右)×，×××－×××表示里程桩号，×表示测压管在同一断面从迎水面至背水面的排列顺序号，如附图 17 所示
5	巡视检查		巡视巡查分为日常巡视检查、年度巡视检查、特别巡视检查，应根据工程的具体情况和特点，制定切实可行的检查制度，明确规定巡视的时间、部位、内容、方法、路线、记录和人员。检查要求和要领可参照《南水北调东、中线一期工程运行安全监测技术要求(试行)》(NSBD21—2015)
6	观测方法		1. 人工观测一般采用电测水位计法或手持式超声波水位计法； 2. 自动观测采用传感器通过通信模块采集水位数据
7	观测成果		主要包括： 1. 测压管考证表，在测压管埋设时填制，并绘制测压管埋设剖面图； 2. 测压管管口高程考证表； 3. 测压管水位统计表； 4. 测压管淤积观测成果表； 5. 测压管灵敏度试验成果表； 6. 渗流压力水位统计表； 7. 渗流量统计表； 8. 测压管水位过程线

续表

序号	项目	管理标准
8	定期校正	1. 管口高程至少应每 5 年校测 1 次,观测方法和精度要求应符合四等水准测量的规定; 2. 人工观测校验,电测水位计的测绳长度标记,应每 3 个月用钢尺校正 1 次; 3. 每年应对自动观测仪器定期校验 1 次,可采取人工方法观测测压管水位,与自动观测值比较,计算测量精度,并对仪器进行适当调整; 4. 测压管灵敏度试验每 5 年应进行 1 次,一般应选择在水位稳定期进行,可采用注水法或放水法
9	其他要求	当管内淤塞已影响观测时,应及时进行清理。测压管淤积厚度超过透水段长度的 1/3 时,应进行掏淤,经分析确认副作用不大时,可采用压力水或压力气冲淤

附录 B　机电设备管理要求

B.1　GIS 组合开关

序号	项目		管理标准
1	一般要求	外观	外壳、支架等无锈蚀、损坏，瓷套无开裂、破损或污秽现象；外壳漆膜无局部颜色加深或烧焦、起皮现象；无放电痕迹
		声音	无异常声响
		气味	无异常气味
		位置指示	断路器、三工位开关、隔离开关、接地开关及快速接地开关位置应指示正确，并与实际运行工况相符；控制开关的位置应正确
		指示灯	各种指示灯、信号灯和带电监测装置的指示应正常
		仪表	各种仪表的指示值应正常
		加热器	控制柜内加热器的工作状态应按规定投入或退出
		接地	设备接地可靠，标识清晰
2	环境要求		室内空气中氧气应大于 18% 或 SF_6 气体的浓度不应超过 1 000 μL/L（或 6 g/m^3）
3	设备间		1. 保持室内清洁，屋顶及墙面无渗漏水； 2. 防鼠板放置完好且符合规范要求； 3. 室内照明设施良好，门窗完好； 4. 通风设备工作正常
4	配置要求		满足管理条件中表 A.2 中对 GIS 开关室的配置要求
6	安全检查及注意事项		1. 运行人员经常出入的 GIS 室，每班通风时间不少于 15 min，对不经常出入的 GIS 室，应定期检查通风设施； 2. 值班人员应正确穿戴安全防护用品，正确使用安全用具； 3. 当 SF_6 气体断路器出现泄漏时，应立即断开操作电源，悬挂警告牌，采取减负荷，并由上一级断路器断开负荷后再退出故障断路器
7	巡视路线		按照巡视内容在 GIS 室内布设巡视路线图
8	日常维护		按照 GIS 日常维护清单开展

续表

序号	项目	管理标准
9	运行期巡查	每班1次，检查内容及要求： 1. 断路器、隔离开关、接地开关及快速接地开关位置应指示正确，并与实际运行工况相符； 2. 断路器、隔离开关的累积动作次数指示应准确、正常； 3. 各种指示灯、信号灯和带电监测装置的指示应正常，控制开关的位置应正确，控制柜内加热器的工作状态应按规定投入或退出； 4. 各种压力表和液面计的指示值应正常； 5. 避雷器的动作计数器指示值、在线检测泄漏电流指示值应正常； 6. 采用液压弹簧操作机构，操作机构油泵起动次数应正常； 7. 裸露在外的接线端子无过热，汇控柜内无异常现象； 8. 无异常声音和特殊气味； 9. 外壳、支架等无锈蚀、损坏，瓷套无开裂、破损或污秽现象，外壳漆膜无局部颜色加深或烧焦、起皮现象； 10. 各类管道及阀门无损伤、锈蚀，阀门的开闭位置应正确，管道的绝缘法兰与绝缘支架应完好； 11. 设备无漏油、漏气现象； 12. 金属外壳的温度应正常； 13. GIS室内照明、通风设备、防火器具及监测装置应正常、完好
10	非运行期巡查	每周1次，记录巡查情况、SF_6气体压力表指示值及环境温度。巡查内容及要求： 1. SF_6气体压力表的指示值应正常； 2. 无异常气味； 3. 加热器应按规定要求投入或退出
11	经常性检查	每月不少于1次，按照《管理表单》中表67经常性检查的要求进行
12	定期检查	每年2次，分别为汛前定期检查与汛后定期检查，按照《管理表单》中表28GIS(SF_6断路器)定期检查表执行
13	特别检查	在地震、大风、暴雨等自然灾害或重大工程事故、超标准应用时应开展特别检查，按照《管理表单》中表68至表71特别检查的要求开展
14	设备评定级	每2年开展1次，按照《管理表单》中表81 GIS等级评定表执行

B.2 油浸式变压器

序号	项目		管理标准
1	一般要求	外观	主变外观应干净无渗油，铭牌固定、清晰可见，无积尘、锈蚀、损坏情况，外壳漆膜无颜色变化或脱落、起皮现象；防爆管应完好无裂纹，桩头示温片齐全、无变色
		声音	本体运行期间正常为嗡嗡声，无其他异常的声响
		气味	无异常气味
		温度	油浸式变压器顶层油温不应超过制造厂的规定值，当冷却介质温度较低时，顶层油温也相应降低。自然循环冷却变压器的顶层油温不应经常超过85℃，最高不超过95℃
		电压	变压器的运行电压不应高于该运行分接额定电压的105%。对于特殊使用情况，应经总值班批准，可在不超过110%额定电压下运行
		高低压套管	套管瓷瓶表面完好，无放电痕迹，油位显示正常
		瓦斯继电器	继电器内充满变压器油，阀门应在打开位置，每年做1次定期校验
		压力释放阀	阀内无异物，密封圈无变形、老化、损坏，信号开关动作灵活可靠，开启、关闭动作灵敏，无卡阻；压力释放器应无油迹，护管无破损或被油腐蚀现象
		呼吸器	硅胶无变色，应为蓝色
		油枕	变压器油枕指示的温度-油位曲线应符合设备说明书的要求
		接地	设备接地可靠，标识清晰
2	配置要求		满足《管理条件》中表A.7主变室的配置要求
3	安全检查及注意事项		1. 在变压器中性点直接接地的系统中，投运或停运变压器的操作，中性点必须先接地； 2. 主变压器投运之前，值班人员应仔细检查，确认变压器及其保护装置处在良好状态，各阀门开闭正确，具备带电运行条件； 3. 110 kV带电安全距离为1.5 m，35 kV带电安全距离为1.0 m，10 kV(0.6 kV)带电安全距离为0.7 m； 4. 无载调压变压器调压应在停电后进行
4	巡视路线		按照巡视内容在主变室内布设巡视路线图
5	日常维护		按照主变压器日常维护清单开展
6	运行期巡查		每班1次，检查内容及要求： 1. 油位、油色和油温正常，各部位无渗油现象； 2. 套管外部无破损裂纹、无严重油污、无放电痕迹及其他异常现象； 3. 电缆、母线及引线接头无发热、变色现象； 4. 声音、温度正常； 5. 吸湿器完好，吸附剂干燥； 6. 变压器的通风和散热正常； 7. 压力释放阀、瓦斯继电器工作正常； 8. 冷却风机运行正常
7	经常性检查		每月不少于1次，按照《管理表单》中表67经常性检查的要求进行

续表

序号	项目	管理标准
8	定期检查	每年2次，分别为汛前定期检查与汛后定期检查，检查内容及要求可参照《管理表单》中表29主变压器(油浸式)定期检查表开展
9	特别检查	在地震、大风、暴雨等自然灾害或重大工程事故、超标准应用时应开展特别检查，按照《管理表单》中表68至表71特别检查的要求开展
10	设备评定级	每2年开展1次，参照《管理表单》中表78主变压器(油浸式)等级评定表执行

B.3 干式变压器

序号	项目		管理标准
1	一般要求	外观	外观干净整洁，控制柜内无杂物、积尘，接线齐整、牢固
		声音	无异常声响
		气味	无异常气味
		温度	测温设备完好，变压器温度按照绝缘等级：E 级允许最高温升 75 K；B 级允许最高温升 80 K；F 级允许最高温升 100 K
		电压	变压器的运行电压一般不应高于该运行分接额定电压的 105%
		电流	中性线最大允许电流不应超过额定电流的 25%
		防小动物	变压器柜体封闭良好，防小动物措施可靠
		散热风机	运转正常，无异响，效果良好
		接地	设备接地可靠，标识清晰
2	安全检查及注意事项		1. 变压器投入运行前，应测试超温报警和跳闸系统，对绝缘电子、接地线、冷却装置等项目进行检查，确保运行时工作正常； 2. 变压器运行时，变压器出现异响、振动、爬电、闪络及温度异常情形时应立即停止运行，查明故障原因并及时排除； 3. 在运行中出现保护动作跳闸时，应立即查明动作原因，在故障未排除前，不应投入运行； 4. 变压器着火时，应先断开电源，停用冷却装置并迅速使用干粉进行灭火器灭火； 5. 带电安全距离为 0.7 m(10 kV)
3	日常维护		参照低压开关柜日常维护清单开展
4	运行期巡查		每班 1 次，检查内容及要求： 1. 变压器应无异常声响； 2. 冷却风机应正常运行； 3. 电缆和母线无异常； 4. 温度巡检仪示温应正常
5	经常性检查		每月不少于 1 次，按照《管理表单》中表 67 经常性检查的要求进行
6	定期检查		每年 2 次，分别为汛前定期检查与汛后定期检查，检查内容及要求参照《管理表单》中表 30 干式变压器定期检查表开展
7	设备评定级		每 2 年开展 1 次，按照《管理表单》中表 79 干式变压器等级评定表执行

B.4 高压变频器

序号	项目		管理标准
1	一般要求	外观	高压变频器柜应保持整洁，无灰尘
		声音	无异常声响
		气味	无异常气味
		显示屏	键盘显示无报警，频率、转速、电流、电压等运行参数显示正常；触摸屏显示正常；转换开关位置在“远方”位置，运行期间禁止切换转换开关位
		柜体	柜体完整，无变形，表面清洁
		风机	风机运行正常，排风通畅
		过滤网	过滤网无灰尘、絮状物等杂物堵塞
		接地	设备接地可靠，标识清晰
2	环境要求		室内温度0～40℃，湿度不大于80%；室内无灰尘、水滴，无腐蚀性气体
3	设备间		1. 室内清洁，每周进行1次保洁； 2. 屋顶及墙面无渗漏水； 3. 防鼠板放置完好，符合规范要求； 4. 室内照明良好，门窗完好，通风设备良好
4	配置要求		满足《管理条件》中表A.6高压变频器室的配置要求
5	巡视路线		沿巡视路线标识开展巡视，详细记录巡视内容
6	安全检查及注意事项		1. 禁止用高压兆欧表测量变频器的输出绝缘，在测量电动机绝缘时，应使变频器和电动机脱开，避免损坏变频器的功率单元； 2. 变频器柜在设备运转的状态下禁止打开柜门，防止触电，停电15 min后方可打开柜门，电容器应放电； 3. 两次分合高压变频器的时间间隔应在30 min以上，进行合闸操作时，确认变频器室无人后方能进行合闸； 4. 变频器停机后恢复运行，应先打开各控制电源，提前开启风冷或水冷设备1 h，然后才可通高压投入运行； 5. 停用3月及以上的高压变频器，应定期检查及维护保养
7	日常维护		按照变频器日常维护清单开展
8	运行期巡查		每班1次，检查内容及要求： 1. 电抗器、变压器、水冷器、冷却风扇等设备运行正常，无异常声音，无振动，温度在规定范围之内； 2. 变频器柜内及各电路元件无异味，电路元件(电容器、电阻、电抗器、功率元件等)无变色、变形、漏液现象； 3. 现地显示屏无报警，转速、电流、电压等运行参数显示正常； 4. 运行中主电路电压和控制电路的电压正常； 5. 空气滤清器无脏污情况
9	经常性检查		每月不少于1次，按照《管理表单》中表67经常性检查的要求进行
10	定期检查		每年2次，分别为汛前定期检查与汛后定期检查，检查内容及要求可参照《管理表单》中表31高压变频器定期检查表执行
11	设备评定级		每2年开展1次，按照《管理表单》中表82高压变频器设备等级评定表执行

B.5 高压开关柜

<table>
<tr><th>序号</th><th colspan="2">项目</th><th>管理标准</th></tr>
<tr><td rowspan="13">1</td><td rowspan="13">一般要求</td><td>外观</td><td>高压开关柜的柜体完整、无变形，外观整洁、干净，无积尘；开关按规定编号</td></tr>
<tr><td>声音</td><td>无异常声响</td></tr>
<tr><td>气味</td><td>无异常气味</td></tr>
<tr><td>断路器</td><td>1. 操作机构灵活，无卡阻现象，储能机构正常工作，闭锁、联动装置动作准确可靠；
2. 部件完整，零件齐全，瓷件无损伤，绝缘套管完好，动静触头动作准确</td></tr>
<tr><td>隔离开关</td><td>1. 部件完整，零件齐全，瓷件无损伤；
2. 操作机构灵活，闭锁装置可靠，辅助接点完好、灵活；
3. 触头接触应紧密，无变形、过热及烧损现象</td></tr>
<tr><td>电压互感器</td><td>1. 表面无损伤，一、二次线接线牢固、无松动，二次侧无短路现象；
2. 本体整洁，油漆完整，标志正确清楚</td></tr>
<tr><td>电流互感器</td><td>1. 表面无损伤，一、二次线接线牢固、无松动，二次侧无开路现象；
2. 本体整洁，油漆无脱落，标志正确清楚</td></tr>
<tr><td>避雷器</td><td>1. 避雷器瓷套管清洁、无破损、无放电痕迹，法兰边无裂纹；
2. 避雷器导线及接地引下线连接牢固，无烧伤痕迹和断股现象</td></tr>
<tr><td>保护装置</td><td>1. 保护装置无报警和异常信息；
2. 保护压板按要求投入，连接牢固</td></tr>
<tr><td>仪表</td><td>1. 盘面带电显示装置、多功能仪表、储能指示、开关状态显示正确；
2. 仪表外壳无破损，密封良好，指示正常</td></tr>
<tr><td>柜内照明</td><td>巡视灯控制正常，照明完好</td></tr>
<tr><td>电缆接头</td><td>视窗查看导线接头连接处无过热、熔化变色现象，示温片未变色</td></tr>
<tr><td>接地</td><td>设备接地可靠，标识清晰</td></tr>
<tr><td>2</td><td colspan="2">设备间要求</td><td>1. 室内清洁，每周进行 1 次保洁；
2. 屋顶及墙面无渗漏水；
3. 防鼠板放置完好，符合规范要求；
4. 室内照明良好，门窗完好；
5. 通风设备良好</td></tr>
<tr><td>3</td><td colspan="2">配置要求</td><td>满足《管理条件》中表 A.3 高压开关室的配置要求</td></tr>
</table>

续表

序号	项目	管理标准
4	安全检查及注意事项	1. 高压开关柜“五防”功能完好，闭锁可靠； 2. 在正常操作时，工作人员应尽量避免触及外壳，并保持一定距离； 3. 正常情况下，禁止手动操作分、合高压断路器，在控制开关失灵的紧急情况下可在操作机构处进行手动操作，手动操作时，不应进行慢合或慢分操作； 4. 拒分的断路器未经检查处理，不应投入运行； 5. 当线路接地时，供接地监视的电压互感器声音应正常，无异味； 6. 互感器不应长期过负荷运行，电流互感器二次侧不应开路，电压互感器二次侧不应短路，互感器二次侧及铁芯应可靠接地，避雷装置的接地引下线应可靠、无断落和锈蚀现象； 7. 进行高压开关操作时必须两人以上，安全防护用具佩戴齐全
5	日常维护	参照高压开关柜日常维护清单
6	运行期巡查	每班1次，检查内容及要求： 1. 高压开关柜应密封良好，接地牢固可靠，隔板固定可靠，开启灵活； 2. 手车式柜“五防”联锁齐全，位置正确； 3. 隔离触头应接触良好，无过热、变色、熔接现象； 4. 联锁装置位置正确，二次连接插件应接触良好，辅助开关的接触位置正确，接触紧密可靠，连接、切换压板，应位置正确，接触良好； 5. 成套柜内照明应齐全； 6. 继电器外壳无破损，线圈无过热，接点接触良好； 7. 仪表外壳无破损，密封良好，仪表引线无松动、脱落，指示正常； 8. 二次系统的控制开关、熔断器等应在正确的工作位置并接触良好； 9. 操作电源工作正常，母线电压值应在规定范围内； 10. 导线与端子排接触良好，导线无损伤，标号无脱落，绞线不松散、不断股、固定可靠
7	经常性检查	每月不少于1次，按照《管理表单》中表67对经常性检查的要求进行
8	定期检查	每年2次，分别为汛前定期检查与汛后定期检查，按照《管理表单》中表32高压开关柜定期检查表执行
9	设备评定级	每2年1次，具体评级标准可参照《管理表单》中表80高压开关柜评定表进行

B.6 低压开关柜

序号	项目		管理标准
1	一般要求	外观	低压开关柜外观整洁、干净，无积尘；防护层完好、无脱落、无锈迹，盘面仪表、指示灯、按钮以及开关等完好，整体完好，构架无变形
		声音	无异常声响
		气味	无异常气味
		仪表	1. 开关分、合闸位置指示正确，指示灯指示正确； 2. 电压、电流等仪表显示正常
		接地	设备接地可靠，标识清晰
2	设备间要求		1. 室内清洁，每周进行1次保洁； 2. 屋顶及墙面无渗漏水； 3. 防鼠板放置完好，符合规范要求； 4. 室内照明良好，门窗完好； 5. 通风设备良好
3	配置要求		满足《管理条件》中表A.4低压开关室的配置要求
4	安全检查及注意事项		1. 门锁齐全，运行时门应处于关闭状态，室外开关柜应处于锁定状态； 2. 在正常操作时，工作人员应尽量避免触及外壳，并保持一定距离
5	日常维护		参照低压开关柜日常维护清单
6	运行期巡查		每班1次，检查内容及要求： 1. 低压开关柜应密封良好，接地牢固可靠，隔板固定可靠，开启灵活； 2. 抽屉式柜“五防”联锁齐全，位置正确； 3. 隔离触头应接触良好，无过热、变色、熔接现象； 4. 联锁装置位置正确，二次连接插件应接触良好，辅助开关的接触位置正确，接触紧密可靠，连接、切换压板，应位置正确，接触良好； 5. 成套柜内照明应齐全； 6. 继电器外壳无破损，线圈无过热，接点接触良好； 7. 仪表外壳无破损，密封良好，仪表引线无松动、脱落，指示正常； 8. 二次系统的控制开关、熔断器等应在正确的工作位置并接触良好； 9. 操作电源工作正常，母线电压值应在规定范围内； 10. 导线与端子排接触良好，导线无损伤，标号无脱落，绞线不松散、不断股、固定可靠
7	经常性检查		每月不少于1次，按照《管理表单》中表67对经常性检查的要求进行
8	定期检查		每年2次，分别为汛前定期检查与汛后定期检查，按照《管理表单》中表33低压开关柜定期检查表执行
9	设备评定级		每2年1次，具体评级标准可参照《管理表单》中表83低压电器等级评定表进行

B.7 电缆

序号	项目		管理标准
1	一般要求	外观	电缆外观应无损伤、绝缘良好；电缆应排列整齐、固定可靠
		声音	无异常声响
		气味	无异常气味
		桥架	1. 金属桥架及支架全长应不少于2处与接地干线相连接； 2. 非镀锌电缆桥架间连接板的两端跨接铜芯接地线，接地线最小允许截面积不小于4 mm^2； 3. 镀锌电缆桥架间连接板的两端不跨接接地线，但连接板两端应有不少于2个有防松螺帽或防松垫圈的连接固定螺栓； 4. 金属制桥架应支撑牢固、整洁，无锈蚀、变形
		敷设	1. 应按电压等级由高至低的电力电缆、强电至弱电的控制和信号电缆、通信电缆“由上而下”的顺序排列； 2. 当水平通道中含有35 kV以上高压电缆，或为满足引入柜盘的电缆符合允许弯曲半径要求时，应按“由下而上”的顺序排列； 3. 同一重要回路的工作与备用电缆实行耐火分隔时，应配置在不同层的支架上； 4. 当电缆槽、桥架空间有限，不具备电缆分层敷设时，强弱电应分开敷设，并用隔板隔开； 5. 穿墙套管处电缆分层状态保持现状，其余部分分层、分开布置
		标识	1. 在电缆线路的首尾端、线缆改变方向处、电缆沟和竖井出入口处、电缆从一平面跨越到另一平面以及电缆引至电气柜、盘或控制屏、台等位置处，应挂电缆标志牌； 2. 直埋电缆敷设，在拐弯、接头、交叉、进出建筑物等地段以及电缆直线段每隔50～100 m处，应设明显的路径标桩，标桩应牢固，标志应清晰，标桩露出地面15 cm； 3. 电缆标志牌标注内容应有编号、起点、终点、规格型号等
		接地	设备接地可靠，标识清晰
2	设备间要求		电缆沟应整洁，无外部进水、渗水，排水畅通
3	配置要求		电缆间电缆应整齐有序，无放电、积尘和焦糊味
4	巡视路线		沿巡视路线标识开展巡视，详细记录巡视内容
5	安全检查及注意事项		1. 电缆正常不允许过负荷运行，即使在处理事故时出现过负荷，也应迅速恢复其正常电流； 2. 母线及其联接点在通过允许电流时，温度不应超过70℃
6	日常维护		定期对电缆进行清扫，每月不少于2次，应经常清扫电缆桥架等各处的积粉

续表

序号	项目	管理标准
7	运行期巡查	每班1次，检查内容及要求： 1. 直埋电缆： (1) 电缆线路附近地面应无挖掘痕迹； (2) 电缆线路标示桩应完好无损； (3) 电缆沿线不应堆放重物、腐蚀性物品，不应搭建临时建筑； (4) 室外露出地面上的电缆的保护钢管或角钢不应锈蚀、位移或脱落； (5) 引入室内的电缆穿墙套管应封堵严密。 2. 电缆头 (1) 接地线应牢固，无断股、脱落现象； (2) 大雾天气，应监视终端头绝缘套管无放电现象； (3) 负荷较重时，应检查引线连接处无过热、熔化等现象
8	定期检查	1. 检查频次 (1) 电缆沟、电缆井、沿桥梁架设的电缆架以及敷设在地下电缆，至少每半年检查1次； (2) 直接敷于河床上的电缆，可每年检查1次，条件允许应派遣潜水员检查电缆情况，条件不允许时，可测量河床的变化情况； (3) 对挖掘暴露的电缆，按工程情况，可酌情加强巡视。 2. 检查内容及要求 (1) 规格和容量应满足实际运行需要，无过热现象； (2) 无机械损伤，接地方式正确，绝缘良好，各项试验数据合格； (3) 电缆的固定和支架完好，无锈蚀； (4) 电缆沟等电缆敷设途径内无积水，无杂物、易燃物； (5) 电缆头分相颜色和标志牌正确、清洁； (6) 分层分开敷设、布线平顺

B.8 电容器

序号	项目		管理标准
1	一般要求	外观	套管清洁,无裂纹、破损,无放电现象,与引线连接正常
		声音	无异常声响
		气味	无异常气味
		仪表	仪表、指示灯显示正确
		接地	设备接地可靠,标识清晰
2	设备间要求		1. 室内清洁,每周进行1次保洁; 2. 屋顶及墙面无渗漏水; 3. 防鼠板放置完好,符合规范要求; 4. 室内照明良好,门窗完好; 5. 室内温度0~40℃,湿度不大于80%
3	配置要求		满足《管理条件》中表A.4对电容器室的配置要求
4	安全检查及注意事项		1. 门锁齐全,运行时门应处于关闭状态,室外开关柜应处于锁定状态; 2. 在正常操作时,工作人员应尽量避免触及外壳,并保持一定距离; 3. 在额定电压下合闸冲击3次,每次合闸间隔时间5 min,待电容器残留电压放完时方可进行下一次合闸; 4. 电力电容器组应有可靠的放电装置,并且正常投入运行,外壳接地良好; 5. 电力电容器运行外壳温度不允许超过50℃; 6. 电力电容器组应有可靠的放电装置,并且正常投入运行; 7. 高压电容器断电后在5 s内应将剩余电压降到50 V以下; 8. 安装于室内电容器应有良好的通风,进入电容器室应先开启通风装置
5	日常维护		参照电容器柜日常维护清单
6	运行期巡查		每班1次,巡查内容及要求: 1. 电容器运行电压、电流及温度不应超过规定值; 2. 电容器外壳应无过度膨胀即鼓肚现象; 3. 电容器外壳和套管应无渗漏油及喷油现象; 4. 电容器、熔断器、放电指示灯和电压互感器应正常; 5. 电容器套管清洁,无裂纹、破损,无放电现象,与引线连接正常; 6. 外壳接地良好
7	经常性检查		每月不少于1次,按照《管理表单》中表67对经常性检查的要求进行
8	定期检查		每年2次,分别为汛前定期检查与汛后定期检查,按照《管理表单》中表36补偿装置定期检查表执行
9	设备评定级		每2年1次,具体评级标准可参照《管理表单》中表83低压电器等级评定表进行

B.9 励磁装置

序号	项目		管理标准
1	一般要求	外观	开关柜整体完好,构架无变形;外观应整洁、干净,无积尘;防护层完好,无脱落、无锈迹;盘面仪表、指示灯、按钮以及开关等完好,仪表显示准确、指示灯显示正常
		声音	无异常声响
		气味	无异常气味
		触摸屏	触摸屏操作灵敏,数据显示正常,无报警信息
		接地	设备接地可靠,标识清晰
2	设备间要求		1. 室内清洁,每周进行1次保洁; 2. 屋顶及墙面无渗漏水; 3. 防鼠板放置完好符合规范要求; 4. 室内照明良好,门窗完好; 5. 通风设备良好
3	配置要求		满足《管理条件》中表A.9对励磁室的配置要求
4	安全检查及注意事项		1. 同步电机异步启动时,如过早投励或启动完毕不投励,励磁系统应能自动跳闸停机; 2. 励磁柜的金属骨架、柜门及其安装于柜内的电器组件的金属支架应与专门的接地导体连接牢固,并有明显的接地标志
5	日常维护		参照励磁系统日常维护清单
6	运行期巡查		每班1次,检查内容及要求: 1. 励磁装置的工作电源、操作电源等正常可靠; 2. 表计指示正常,信号显示与实际工况相符; 3. 励磁回路发生一点接地时,应立即查明原因予以消除; 4. 各电磁部件无异声,各通电流部件的接点、导线及元器件无过热现象; 5. 通风、散热系统工作正常,冷却系统工作正常; 6. 励磁变压器线圈、铁芯温度、温升不超过规定值,声音正常,表面无积污; 7. 励磁装置在运行前,应检测灭磁回路是否工作正常
7	经常性检查		每月不少于1次,按照《管理表单》中表67对经常性检查的要求进行
8	定期检查		每年2次,分别为汛前定期检查与汛后定期检查,按照《管理表单》中表38励磁装置定期检查表执行
9	设备评定级		每2年1次,具体评级标准可参照《管理表单》中表84励磁装置设备评级表进行

B.10 主电动机

序号	项目		管理标准
1	一般要求	外观	电机表面应清洁，无锈蚀、油污、积尘；上下油缸油位、油色正常，油位显示器清晰透明，油位标志清楚、准确
		声音	无异常声响
		气味	无异常气味
		碳刷	碳刷伸缩灵活，无裂纹、缺损等现象，刷握、刷架无积垢
		滑环	滑环表面光滑，无麻点、蚀坑等现象，滑环表面光洁，无油迹、积尘等
		电压	应在额定电压的95%～110%范围内运行
		电流	最大不应超过额定值的10%
		绝缘电阻	主电机定子绝缘电阻不应低于1 MΩ/kV，转子绝缘电阻不应低于0.5 MΩ
		接地	设备接地可靠，标识清晰
2	配置要求		满足《管理条件》中表A.11对电机层的配置要求
3	安全检查及注意事项		1. 转动部分加防护罩； 2. 巡视人员保持安全距离
4	日常维护		参照主电机日常维护清单
5	运行期巡查		每2小时1次，检查内容及要求： 1. 定子电流、电压，转子电流、电压以及电动机的功率等指示正常； 2. 定子线圈、铁芯及轴承温度正常； 3. 油缸油位、油色、油温等正常，无渗油现象； 4. 技术供水压力、温度及示流信号正常； 5. 无异常振动、声响和气味； 6. 滑环与电刷间无电火花，无积垢，无卡滞现象，电刷压力适中，温度不超过120℃； 7. 冷却风机运行正常
6	经常性检查		每月不少于1次，按照《管理表单》中表67对经常性检查的要求进行
7	定期检查		每年2次，分别为汛前定期检查与汛后定期检查，按照《管理表单》中表39主电机定期检查表执行
8	特别检查		在地震、大风、暴雨等自然灾害或重大工程事故、超标准应用时应开展特别检查，按照《管理表单》中表68至表71对特别检查的要求开展
9	设备评定级		每2年1次，具体评级标准可参照《管理表单》中表77主电机等级评定表进行

B.11 水轮发电机

序号	项目		管理标准
1	一般要求	外观	电机表面应清洁，无锈蚀、油污、积尘；上下油缸油位、油色正常，油位显示器清晰透明，油位标志清楚、准确
		声音	无异常声响
		气味	无异常气味
		碳刷	碳刷伸缩灵活，无裂纹、缺损等现象，刷握、刷架无积垢
		滑环	滑环表面光滑，无麻点、蚀坑等现象，滑环表面光洁，无油迹、积尘等
		电压	应在额定电压范围内运行
		电流	在规定的范围内，无超限现象
		绝缘电阻	主电机定子绝缘电阻不应低于 1 MΩ/kV，转子绝缘电阻不应低于 0.5 MΩ
		接地	设备接地可靠，标识清晰
2	配置要求		满足《管理条件》中表 A.11 对电机层的配置要求
3	安全检查及注意事项		1. 转动部分加防护罩； 2. 巡视人员保持安全距离
4	日常维护		参照主电机日常维护清单
5	运行期巡查		每 2 小时 1 次，检查内容及要求： 1. 定子电流、电压，转子电流、电压以及电动机的功率等指示正常； 2. 定子线圈、铁芯及轴承温度正常； 3. 油缸油位、油色、油温等正常，无渗油现象； 4. 技术供水压力、温度及示流信号正常； 5. 无异常振动、声响和气味； 6. 滑环与电刷间无电火花，无积垢，无卡滞现象，电刷压力适中，温度不超过 120℃； 7. 冷却风机运行正常
6	经常性检查		每月不少于 1 次，按照《管理表单》中表 67 对经常性检查的要求进行
7	定期检查		每年 2 次，分别为汛前定期检查与汛后定期检查，按照《管理表单》中表 66 水轮发电机定期检查表执行
8	特别检查		在地震、大风、暴雨等自然灾害或重大工程事故、超标准应用时应开展特别检查，按照《管理表单》中表 68 至表 71 对特别检查的要求开展
9	设备评定级		每 2 年 1 次，具体评级标准可参照《管理表单》中表 77 主电机等级评定表进行

B.12 主水泵

序号	项目		管理标准
1	一般要求	外观	泵体无裂痕、变形，泵盖内无杂物、积水；检修人孔密封良好，人孔盖周围无窨潮、锈斑
		声音	无异常声响
		气味	无异常气味
		渗漏情况	1. 水泵各连接部位无渗漏； 2. 辅助管道、闸阀连接无渗漏
		填料润滑水	1. 填料润滑水压力正常，0.2 ～0.5 MPa； 2. 观察孔查看填料水无线形流下
		叶调机构	1. 叶调机构调节灵活、限位可靠、操作杆活动自如； 2. 叶片转动部位无渗漏，无明显汽蚀、破损，导叶过渡套完好； 3. 叶片与叶轮外壳间隙符合规定，无碰擦现象
2	配置要求		满足《管理条件》中表 A.13 对水泵层的配置要求
3	安全检查及注意事项		1. 运行中应采取措施防止杂物进入泵内； 2. 运行期间实时监控水泵的空化(气蚀)、振动和噪声，应在允许范围内； 3. 水泵运行中应监视流量、水位、压力、温度、振动等技术参数； 4. 叶片角度或转速指示准确，与水泵实际工况保持一致
4	日常维护		参照主水泵日常维护清单
5	运行期巡查		每 2 小时 1 次，检查内容及要求： 1. 填料函处漏水情况正常，无偏磨、过热现象，温度不超过 50℃； 2. 技术供水水压及示流信号正常； 3. 润滑和冷却用油的油位、油色、油温及轴承温度正常； 4. 振动、声响正常； 5. 齿轮传动装置油箱温升不应超过 35℃，轴承温升不应超过 45℃； 6. 振动、声响无异常
6	经常性检查		每月不少于 1 次，按照《管理表单》中表 67 对经常性检查的要求进行
7	定期检查		每年 2 次，分别为汛前定期检查与汛后定期检查，按照《管理表单》中表 41 和表 42 主水泵定期检查表执行
8	特别检查		在地震、大风、暴雨等自然灾害或重大工程事故、超标准应用时应开展特别检查，按照《管理表单》中表 68 至表 71 对特别检查的要求开展
9	设备评定级		每 2 年 1 次，具体评级标准可参照《管理表单》中表 76 主水泵等级评定表进行

B.13 水轮机

序号	项目		管理标准
1	一般要求	外观	壳体无裂痕、变形，泵盖内无杂物、积水；检修人孔密封良好，人孔盖周围无窨潮、锈斑
		声音	无异常声响
		气味	无异常气味
		渗漏情况	1. 各连接部位无渗漏； 2. 辅助管道、闸阀连接无渗漏
2	配置要求		满足《管理条件》中 A.13 对水泵层的配置要求
3	安全检查及注意事项		1. 运行中应采取措施防止杂物进入水轮机内； 2. 运行期间实时监控振动和噪声，应在允许范围内； 3. 运行中应监视流量、水位、压力、温度、振动等技术参数
4	日常维护		参照主水泵日常维护清单
5	运行期巡查		每 2 小时 1 次，检查内容及要求： 1. 填料函处漏水情况正常，无偏磨、过热现象，温度不超过 50℃； 2. 技术供水水压及示流信号正常； 3. 润滑和冷却用油的油位、油色、油温及轴承温度正常； 4. 振动、声响正常
6	经常性检查		每月不少于 1 次，按照《管理表单》中表 67 对经常性检查的要求进行
7	定期检查		每年 2 次，分别为汛前定期检查与汛后定期检查，按照《管理表单》中表 41 主水泵定期检查表执行
8	特别检查		在地震、大风、暴雨等自然灾害或重大工程事故、超标准应用时应开展特别检查，按照《管理表单》中表 68 至表 71 对特别检查的要求开展
9	设备评定级		每 2 年 1 次，具体评级标准可参照《管理表单》中表 76 主水泵等级评定表进行

B.14 气系统

<table>
<tr><th>序号</th><th colspan="2">项目</th><th>管理标准</th></tr>
<tr><td rowspan="6">1</td><td rowspan="6">一般要求</td><td>外观</td><td>气系统设备外壳、支架等无锈蚀、损坏；阀体无开裂、破损或污秽现象；外壳漆膜无局部颜色加深、起皮现象</td></tr>
<tr><td>声音</td><td>无异常声响</td></tr>
<tr><td>位置指示</td><td>控制开关的位置应正确，并与实际工况相符</td></tr>
<tr><td>仪表</td><td>储气罐及管道压力指示值应正常</td></tr>
<tr><td>校测</td><td>应每年开展1次密封性校测，确保密封性能良好</td></tr>
<tr><td>接地</td><td>设备接地可靠，标识清晰</td></tr>
<tr><td>2</td><td colspan="2">配置要求</td><td>满足《管理条件》配置要求</td></tr>
<tr><td>3</td><td colspan="2">安全检查及注意事项</td><td>1. 在现场进行操作时，工作人员应位于阀体侧方，并保持安全距离；
2. 操作人员应佩戴防护用具；
3. 配置安全应急锤；
4. 定期进行储气罐及安全阀检验</td></tr>
<tr><td>4</td><td colspan="2">日常维护</td><td>每周维护1次，擦拭设备表面、清扫设备周围地面</td></tr>
<tr><td>5</td><td colspan="2">运行期巡查</td><td>每班1次，检查内容及要求：
1. 阀体、操作机构应无变形、无损坏；
2. 玻璃无裂纹、隔离网罩无变形、损坏；
3. 阀件、储气罐密封满足要求；
4. 限位开关动作灵活、可靠，接线桩头紧固；
5. 进气口附近无杂物；
6. 储气罐压力及管道压力正常；
7. 压缩机工作正常</td></tr>
<tr><td>6</td><td colspan="2">经常性检查</td><td>每月不少于1次，参照《管理表单》中表67对经常性检查的要求进行</td></tr>
<tr><td>7</td><td colspan="2">定期检查</td><td>每年2次，分别为汛前定期检查与汛后定期检查，按照《管理表单》中表43真空破坏阀定期检查表(气动)执行</td></tr>
<tr><td>8</td><td colspan="2">特别检查</td><td>在地震、大风、暴雨等自然灾害或重大工程事故、超标准应用时应开展特别检查，按照《管理表单》中表68至表71对特别检查的要求开展</td></tr>
<tr><td>9</td><td colspan="2">设备评定级</td><td>每2年1次，按照《管理表单》中表103真空破坏阀设备等级评定表进行</td></tr>
</table>

B.15 真空破坏阀

序号	项目		管理标准
1	一般要求	外观	外壳、支架等无锈蚀、损坏；阀体无开裂、破损或污秽现象；外壳漆膜无局部颜色加深、起皮现象
		声音	无异常声响
		位置指示	电磁阀控制开关的位置应正确
		仪表	压力表的指示值应正常
		接地	设备接地可靠，标识清晰
2	配置要求		满足《管理条件》中表 A. 11 对电机层的配置要求
3	安全注意事项		1. 在现场进行操作时，工作人员应位于阀体侧方，并保持安全距离； 2. 操作人员应佩戴防护用具； 3. 配置安全应急锤
4	日常维护		按照真空破坏阀日常维护清单
5	运行期定期巡查		每 2 小时 1 次，参照《管理表单》中对巡视检查记录相关内容巡查。巡查内容及要求： 1. 阀体应无变形、无损坏，电磁阀动作灵活、可靠，接线桩头紧固； 2. 玻璃无裂纹、隔离网罩无变形、损坏
6	非运行期巡视检查		每周 1 次，记录巡查情况。巡查内容及要求： 1. 阀体应无变形、无损坏； 2. 密封性能应完好、无泄漏； 3. 进气口附近无杂物
7	经常性检查		每月不少于 1 次，按照《管理表单》中表 67 对经常性检查的要求进行。
8	定期检查		每年 2 次，分别为汛前定期检查与汛后定期检查，检查内容及要求参照《管理表单》中表 43 和表 44 真空破坏阀定期检查表开展
9	特别检查		在地震、大风、暴雨等自然灾害或重大工程事故、超标准应用时应开展特别检查，按照《管理表单》中表 68 至表 71 对特别检查的要求开展
10	设备评定级		每 2 年 1 次，具体评级标准可参照《管理表单》中表 103 真空破坏阀等级评定表进行

B.16 供排水系统

序号	项目		管理标准
1	一般要求	外观	外壳、支架等无锈蚀、损坏；泵体无破损或污秽现象；外壳漆膜无起皮现象
		声音	无异常声响
		气味	无异常气味
		位置指示	控制开关的位置应正确，并与实际工况相符
		指示灯	各种指示灯和信号灯的指示应正常
		仪表	压力表的指示值应正常，压力在规定的范围内
		闸阀	及时更换密封垫，确保密封性能良好
		接地	设备接地可靠，标识清晰
2	配置要求		满足《管理条件》配置要求
3	巡视路线		沿巡视路线标识开展巡视，详细记录巡视内容
4	安全检查及注意事项		1. 在现场进行操作时，工作人员应佩戴防护用具，并保持安全距离； 2. 切勿触碰水泵转动部分，防止机械伤害
5	日常维护		参照技术供水、廊道层排水系统日常维护清单
6	运行期巡查		每班1次，巡查内容及要求： 1. 水泵、电动机应无过热； 2. 机械密封处应无严重漏水； 3. 管道、接头、闸阀应无渗漏水现象； 4. 运行电流在正常范围之内； 5. 阀组工作正常，位置正确； 6. 示流装置良好，供水管路畅通； 7. 水质、水温、水量、水压等满足运行要求； 8. 积水坑应无过多积水，排水畅通
7	经常性检查		每月不少于1次，参照《管理表单》中表67对经常性检查的要求进行
8	定期检查		每年2次，分别为汛前定期检查与汛后定期检查，按照《管理表单》中表48供(排)水系统定期检查表执行
9	特别检查		在地震、大风、暴雨等自然灾害或重大工程事故、超标准应用时应开展特别检查，按照《管理表单》中表68至表71对特别检查的要求开展
10	设备评定级		每2年1次，按照《管理表单》中表89和表90供(排)水系统等级评定表进行

B.17 稀油装置

<table>
<tr><th>序号</th><th colspan="2">项目</th><th>管理标准</th></tr>
<tr><td rowspan="9">1</td><td rowspan="9">一般要求</td><td>外观</td><td>外壳、支架等无锈蚀、损坏；主体无开裂、破损或污秽现象；外壳漆膜无局部颜色加深或起皮现象</td></tr>
<tr><td>声音</td><td>无异常声响</td></tr>
<tr><td>气味</td><td>无异常气味</td></tr>
<tr><td>位置指示</td><td>控制开关的位置应正确，并与实际工况相符</td></tr>
<tr><td>指示灯</td><td>各种指示灯和信号灯的指示应正常</td></tr>
<tr><td>仪表</td><td>仪表的指示值应正常</td></tr>
<tr><td>油样化验</td><td>每年抽取1次油样进行化验比测，确保设备性能良好</td></tr>
<tr><td>闸阀</td><td>及时更换密封垫，确保密封性能良好</td></tr>
<tr><td>接地</td><td>设备接地可靠，标识清晰</td></tr>
<tr><td>2</td><td colspan="2">配置要求</td><td>满足《管理条件》配置要求</td></tr>
<tr><td>3</td><td colspan="2">安全检查及注意事项</td><td>1. 在现场进行操作时，工作人员应佩戴防护用具，并保持安全距离；
2. 切勿触碰转动部分，防止机械伤害</td></tr>
<tr><td>4</td><td colspan="2">日常维护</td><td>每周维护1次，擦拭设备表面、清扫设备周围地面</td></tr>
<tr><td>5</td><td colspan="2">运行期巡查</td><td>每班1次，巡查内容及要求：
1. 油箱油位、油温、油色正常，管路、附件无渗漏；
2. 流量阀、溢流阀等各阀件开关自如；
3. 手动阀操作灵活、可靠；
4. 各传感器数据采集正确，工作稳定；
5. 油过滤器、水过滤器、空气过滤器定期清洁，无堵塞现象，工作正常；
6. 柜体封堵良好，接地牢固可靠</td></tr>
<tr><td>6</td><td colspan="2">经常性检查</td><td>每月不少于1次，参照《管理表单》中表67对经常性检查的要求进行</td></tr>
<tr><td>7</td><td colspan="2">定期检查</td><td>每年2次，分别为汛前定期检查与汛后定期检查，按照《管理表单》中表45稀油润滑装置定期检查表执行</td></tr>
<tr><td>8</td><td colspan="2">设备评定级</td><td>每2年1次，按照《管理表单》中表95叶片调节机构等级评定表进行</td></tr>
</table>

B.18 油压装置

序号	项目		管理标准
1	一般要求	外观	外壳、支架等无锈蚀、损坏；主体无开裂、破损或污秽现象；外壳漆膜无局部颜色加深或起皮现象
		声音	无异常声响
		气味	无异常气味
		位置指示	控制开关的位置应正确，并与实际工况相符
		指示灯	各种指示灯和信号灯的指示应正常
		仪表	仪表的指示值应正常
		油样化验	每年抽取1次油样进行化验比测，确保设备性能良好
		闸阀	每5年更换1次密封垫，确保密封性能良好
		接地	设备接地可靠，标识清晰
2	配置要求		满足《管理条件》中表A.12对联轴层的配置要求
3	安全注意事项		1. 在现场进行操作时，工作人员应佩戴防护用具，并保持安全距离； 2. 切勿触碰转动部分，防止机械伤害
4	日常维护		按照油压装置日常维护清单
5	运行期定期巡查		每2小时1次，参照《管理表单》中巡视检查记录部分逐项巡查。巡查内容及要求： 1. 油箱油位、油温、油色正常，管路、附件无渗漏； 2. 各闸阀位置正确； 3. 手动阀操作灵活、可靠； 4. 各传感器数据采集正确，工作稳定； 5. 油泵运行正常，油压满足工作要求； 6. 柜体封堵良好，接地牢固可靠
6	非运行期巡视检查		每周1次，记录巡查情况。巡查内容及要求： 1. 油色、油位正常； 2. 无异常声音、气味； 3. 设备表面无灰尘、油污，保持整洁
7	经常性检查		每月不少于1次，按照《管理表单》中表67对经常性检查的要求进行
8	定期检查		每年2次，分别为汛前定期检查与汛后定期检查，检查内容及要求参照《管理表单》中定期检查的要求开展
9	设备评定级		每2年1次，具体评级标准可参照《管理表单》中表95叶片调节机构等级评表进行

B.19 空冷机组

序号	项目		管理标准
1	一般	外观	外壳无锈蚀、损坏；主体无破损或污秽现象；外壳漆膜无局部颜色加深或烧焦、起皮现象
		声音	无异常声响
		气味	无异常气味
		指示灯	各种指示灯、信号灯的指示应正常
		仪表	仪表的指示值应正常
		接地	设备接地可靠，标识清晰
2	配置要求		满足《管理条件》中表 A.11 对电机层的配置要求
3	安全检查及注意事项		1. 检查转动部分有无卡阻现象； 2. 工作人员应佩戴防护用具，并保持安全距离
4	日常维护		每周维护 1 次，擦拭设备表面、清扫设备周围地面
5	运行期巡查		每班 1 次，检查内容及要求： 1. 运行中主电路电压和控制电路电压正常； 2. 空气滤清器无脏污情况； 3. 进出口风道通畅，无异常阻风现象； 4. 风机无摩擦碰撞及异常振动
6	经常性检查		每月不少于 1 次，参照《管理表单》中表 67 对经常性检查的要求进行
7	定期检查		每年 2 次，分别为汛前定期检查与汛后定期检查，按照《管理表单》中表 48 供(排)水泵定期检查表执行
8	设备评定级		每 2 年 1 次，按照《管理表单》中表 89 供水系统等级评定表进行

B.20 闸门、拍门

序号	项目		管理标准
1	一般要求	外观	外观完好，主体无变形、破损或锈蚀现象
		门体	门体、吊耳、门槽结构完整
		止水	止水装置完好，止水严密
2	配置要求		满足《管理条件》中表 A.15 对启闭机房的配置要求
3	安全检查及注意事项		1. 闸门开启时，有值班人员在现场巡查，并配备救生绳、救生圈和充足的照明器材； 2. 当闸门出现左右开度偏差较大情况时，要采取纠偏措施，纠偏措施失效时及时停止操作
4	日常维护		每周维护 1 次，检查操作机构及设备表面
5	经常性检查		每月不少于 1 次，参照《管理表单》中表 67 对经常性检查的要求进行
6	定期检查		每年 2 次，分别为汛前定期检查与汛后定期检查，按照《管理表单》中表 51 闸门定期检查表执行
7	特别检查		在强烈地震、超标准应用、重大工程事故及超异常自然灾害时开展。参照《管理表单》中表 68 至表 71 对特别检查的要求开展
8	设备评定级		每 2 年 1 次，按照《管理表单》中表 104 闸门、拍门等级评定表进行

B.21 液压式启闭机

序号	项目		管理标准
1	一般要求	外观	清洁、无渗漏油；箱体外壳、管道等无锈蚀、损坏
		声音	无异常声响
		气味	无异常气味
		位置指示	开关指示正确，并与实际运行工况相符；控制开关的位置应正确
		指示灯	各种指示灯和信号灯的指示应正常
		仪表	各种仪表指示正常
		接地	设备接地可靠，标识清晰
2	设备间要求		1. 室内清洁，每周进行1次保洁； 2. 屋顶及墙面无渗漏水； 3. 防鼠板放置完好，符合规范要求； 4. 室内照明良好，门窗完好； 5. 通风设备良好
3	配置要求		满足《管理条件》中表A.15对启闭机房的配置要求
4	巡视路线		沿巡视路线标识开展巡视，详细记录巡视内容
5	安全检查及注意事项		1. 检查转动部分有无卡阻现象； 2. 工作人员应佩戴防护用具，并保持安全距离
6	日常维护		参照液压启闭机日常维护清单
7	运行期巡查		每班1次，检查内容及要求： 1. 油箱油位、油温、油色正常，油温正常不应超过55℃； 2. 滤油器无堵塞报警； 3. 液压系统管路密封良好，无明显渗漏；启闭准确可靠，油泵油压及溢流压力正常； 4. 机架无明显变形、损伤、裂缝，底脚连接牢固； 5. 限位开关、开度仪准确可靠； 6. 启闭机活塞杆清洁，无弯曲、无锈蚀、渗油
8	经常性检查		每月不少于1次，参照《管理表单》中表67对经常性检查的要求进行
9	定期检查		每年2次，分别为汛前定期检查与汛后定期检查，按照《管理表单》中表52液压式启闭机定期检查表执行
10	特别检查		在地震、大风、暴雨等自然灾害或重大工程事故、超标准应用时应开展特别检查，按照《管理表单》中表68至表71对特别检查的要求开展
11	设备评定级		每2年1次，按照《管理表单》中表87液压启闭机等级评定表进行

B.22 卷扬式启闭机

序号	项目		管理标准
1	一般要求	外观	启闭机机架不得有明显变形、损伤或裂纹，底脚连接应牢固可靠，机体清洁无锈蚀、损坏等
		声音	无异常声响
		控制开关	控制开关的位置应正确
		指示灯	各种指示灯和信号灯的指示应正常
		仪表	各种仪表的指示值应正常
		接地	设备接地可靠，标识清晰
2	设备间要求		1. 室内清洁，每周进行1次保洁； 2. 屋顶及墙面无渗漏水； 3. 防鼠板放置完好，符合规范要求； 4. 室内照明良好，门窗完好； 5. 通风设备良好
3	配置要求		满足《管理条件》中表A.15对启闭机房的配置要求
4	巡视路线		沿巡视路线标识开展巡视，详细记录巡视内容
5	安全检查及注意事项		1. 检查转动部分有无卡阻现象； 2. 卷筒上钢丝绳应留有足够余量； 3. 齿轮啮合达到规范要求，具备足够承载力
6	日常维护		参照卷扬式启闭机日常维护清单
7	运行期巡查		每班1次，检查内容及要求： 1. 轴承内的润滑脂应保持填满空腔内1/3～1/2，有油杯的应旋紧油杯，油质合格； 2. 观察孔应保持清洁，油量充足、油位正常、油质合格； 3. 齿轮啮合正好，无严重磨损和锈蚀； 4. 制动装置制动轮、闸瓦表面不得有油污、油漆、水分等； 5. 无损伤、变形、裂纹、斑坑及锈蚀现象，磨损的直线度不超过标准规定值； 6. 钢丝绳断丝或断股在允许范围内； 7. 钢丝绳在卷筒上的预绕圈数应符合设计规定，无规定时应大于4圈
8	经常性检查		每月不少于1次，参照《管理表单》中表67对经常性检查的要求进行
9	定期检查		每年2次，分别为汛前定期检查与汛后定期检查，按照《管理表单》中表53卷扬式启闭机装置定期检查表执行
10	特别检查		在地震、大风、暴雨等自然灾害或重大工程事故、超标准应用时应开展特别检查，按照《管理表单》中表68至表71对特别检查的要求开展
11	设备评定级		每2年1次，按照《管理表单》中表88卷扬启闭机等级评定表进行

B.23 清污机及皮带输送机

序号	项目		管理标准
1	一般要求	外观	金属结构部分应无形变、锈蚀、断裂等情况，设备整体完整，无变形、无损坏、跑偏等，油漆完整，无脱落情况
		声音	无卡滞、碰撞、异常声响
		位置指示	控制开关的位置应正确
		指示灯	各种指示灯和信号灯的指示应正常
		接地	设备接地可靠，标识清晰
2	安全检查及注意事项		1. 清污机运行时若发现有卡住、止转、转速异常等情况发生，应立即停机，排查原因并记录所发生状况，及时处理问题； 2. 发生故障修复后投入运行前，应预先试运转； 3. 清污机在超设计标准下运行时，应加强值班巡查
3	日常维护		1. 每月 1 次，设备表面清洁，非运行期进行保养性试运转； 2. 每年 2 次，传动机构保养，加注润滑油质
4	运行期巡查		每班 1 次，检查内容及要求： 1. 表面机体清洁，无污物堆积； 2. 传动机构润滑良好，运行无碰撞、卡阻，转动部位润滑良好，控制可靠，运转灵活； 3. 减速器观察孔应保持清洁，油量充足、油位正常、油质合格； 4. 拦污栅无形变断裂等； 5. 皮带无跑偏、龟裂等； 6. 护栏安装牢固、可靠
5	经常性检查		每月不少于 1 次，按照《管理表单》中表 67 对经常性检查的要求进行
6	定期检查		每年 2 次，分别为汛前定期检查与汛后定期检查，检查内容及要求参照《管理表单》中表 61 清污机定期检查表执行
7	设备评定级		每 2 年评定 1 次，按照《管理表单》中表 93 清污机等级评定表进行

B.24 拦河设施

序号	项目		管理标准
1	一般要求	外观	浮筒、钢丝绳、扣件等无锈蚀、裂纹、倾斜，沉浮适中
		连接	底部固定锤连接牢固、钢丝绳无断丝、断股、锈蚀，长度适中；连接件连接牢固，无缺失、损坏
2	安全检查及注意事项		在拦河设施附近设立警戒标志，禁止船只停靠、捕鱼作业、游泳、钓鱼等情况发生
4	日常维护		每年 2 次，汛前、汛后应对拦河设施进行全面检查养护，对拦河设施除锈、涂抹黄油
5	运行期巡查		每班 1 次，检查内容及要求： 1. 固定河索处无裂缝、混凝土地面无剥蚀、露筋，基础牢固； 2. 浮筒浮于河面位置适中，钢丝绳连接稳固； 3. 拦河设施附近无杂物聚积，流态平稳
6	经常性检查		每月不少于 1 次，按照《管理表单》中表 67 对经常性检查的要求进行
7	定期检查		每年 2 次，分别为汛前定期检查与汛后定期检查，按照《管理表单》中表 64 拦河浮筒定期检查表执行
8	特别检查		在强烈地震、超标准应用、重大工程事故及超异常自然灾害时开展。按照《管理表单》中表 68 至表 71 对特别检查的要求开展

B. 25 桥式起重机

序号	项目		管理标准
1	一般要求	外观	外观整洁，无灰尘、锈蚀；外壳漆膜无局部颜色加深、起皮现象
		声音	无异常声响
		气味	无异常气味
		位置指示	控制开关的位置应正确
		指示灯	各种指示灯和信号灯的指示应正常
		校测	应每两年进行1次特种设备检测，确保设备性能良好
		接地	设备接地可靠，标识清晰
2	设备间		1. 室内清洁，每周进行1次保洁； 2. 屋顶及墙面无渗漏水； 3. 室内照明良好，门窗完好； 4. 通风设备良好
3	配置要求		满足《管理条件》中A. 11对电机层的配置要求
4	安全检查及注意事项		1. 在进行1次起吊大重量物件或进行技术要求非常高的吊装时，要求进行1次起吊试运行，检测行车状况。 2. 严格执行"十不吊"的制度：指挥信号不明或乱指挥不吊；超过额定起重量时不吊；吊具使用不合理或物件捆挂不牢不吊；吊物上有人或有其他浮放物品不吊；抱闸或其他制动安全装置失灵不吊；行车吊挂重物直接进行加工时不吊；歪拉斜挂不吊；具有爆炸性物件不吊；埋在地下物件不拔吊；带棱角、块口物件未垫好不吊
5	日常维护		每周1次，擦拭设备表面、清扫设备周围地面；每年汛前汛后共2次对钢丝绳进行除锈，涂润滑油脂
6	经常性检查		每月不少于1次，参照《管理表单》中表67对经常性检查的要求进行
7	定期检查		每年2次，分别为汛前定期检查与汛后定期检查，按照《管理表单》中表65门式起重机定期检查表执行
8	特别检查		在地震、大风、暴雨等自然灾害或重大工程事故、超标准应用时应开展特别检查，按照《管理表单》中表68至表71对特别检查的要求开展
9	设备评定级		每2年1次，按照《管理表单》中桥门式起重机等级评定表进行

B.26 电动葫芦

序号	项目		管理标准
1	一般要求	外观	金属结构无锈蚀,污秽、损坏现象
		钢丝绳	钢丝绳无锈蚀、断股,具有足够承载力
		位置	非运行状态时,应将电动葫芦回归原点
		接地	设备接地可靠,标识清晰
2	安全检查及注意事项		限位开关安全可靠,吊钩防脱扣装置牢固可靠
3	日常维护		每年汛前、汛后各1次对钢丝绳进行除锈涂润滑油脂
4	经常性检查		每月不少于1次,按照《管理表单》中表67对经常性检查的要求进行
5	定期检查		每年2次,分别为汛前定期检查与汛后定期检查,按照《管理表单》中表63电动葫芦定期检查表执行
6	设备评定级		每2年评定1次,按照《管理表单》中表92电动葫芦等级评定表进行

B. 27 压力容器

序号	项目		管理标准
1	一般要求	外观	外观完好,无灰尘、污秽、锈蚀;外壳漆膜无局部颜色加深、起皮现象
		声音	无异常声响
		仪表	压力表的指示值应正常
2	配置要求		满足《管理条件》配置要求
3	安全检查及注意事项		1. 人员操作时应佩戴防护用具,并在现场设置安全器材; 2. 安全阀应由专业检测单位每年检验1次; 3. 新安全阀安装前需送专业部门检测,合格后方可安装使用
4	日常维护		每周维护1次,擦拭设备表面、清扫设备周围地面
5	巡视检查		每班1次,检查内容及要求: 1. 安全阀、压力表及其他安全装置齐全、灵敏、可靠; 2. 操作压力、液位在安全规程规定的范围内; 3. 各连接部位无泄漏、渗漏现象; 4. 容器的部件和附件无变形、腐蚀及其他缺陷或可疑迹象; 5. 弹簧式安全阀的弹簧无锈蚀、被油污黏结等情况
6	经常性检查		每月不少于1次,参照《管理表单》中表67对经常性检查的要求进行
7	定期检查		每年2次,分别为汛前定期检查与汛后定期检查,按照《管理表单》中表55压力罐定期检查记录表执行
8	设备评定级		每2年1次,对压力容器外观、液位计、闸阀动作、控制可靠性、线缆布置、接线等方面进行评定级

B.28 消防设施

序号	项目		管理标准
1	一般要求	外观	外观完好,无灰尘、污秽、锈蚀;外壳漆膜无局部颜色加深、起皮现象
		声音	无异常声响
		气味	无异常气味
		消防闸阀	消防闸阀的开关位置应正确
		指示灯	各种指示灯、信号灯和监测装置的指示应正常
		仪表	各种仪表的指示值应正常
2	配置要求		满足《管理条件》中泵站每层及各房间的配置要求
3	巡视路线		沿消防布置图开展巡视,详细记录巡视内容
4	安全检查及注意事项		消防设施及器材每年检验1次,由专业部门检测,检测合格后才可安装使用
5	日常维护		每周维护1次,擦拭设备表面、清扫设备周围地面;每月由专业维保单位进行消防维保
6	经常性检查		每月1次,检查内容及要求: 1. 灭火器配置合理、定点摆放、压力符合要求,表面无积尘; 2. 消防箱体无锈蚀、变形,箱内无杂物、积尘,玻璃完好、标识清晰,箱内设施齐全; 3. 水带无老化及渗漏,水带及水枪在消防箱内按要求摆放整齐,不得挪作它用; 4. 消防联动装置应定期试机,记录齐全,消防控制室制度齐全、无其他杂物,进出通道畅通。 5. 参照《管理表单》中表67对经常性检查的要求进行
7	定期检查		每年2次,分别为汛前定期检查与汛后定期检查,按照《管理表单》中表56消防设施定期检查表执行

B.29 蓄电池

序号	项目		管理标准
1	一般要求	外观	完好无损，外观整洁，无漏液、灰尘
		气味	无异常气味
		指示灯	指示灯正常
		接地	设备接地可靠，标识清晰
2	环境要求		室内温度应5～35℃，运行中湿度不大于75%，且无凝露
3	配置要求		满足《管理条件》配置要求
4	安全检查及注意事项		1. 蓄电池应定期按规定进行容量核对性充放电，每年应进行1次； 2. 每年应对非免维护蓄电池的电解液纯度进行1次分析； 3. 充电装置故障使蓄电池较深放电后，按规定要求应进行1次均衡充电； 4. 在放电过程中，应严密监视蓄电池电压，当单体电池电压达到规定下限时，应停止放电，若放充3次蓄电池组均达不到额定容量的80%，可判此组蓄电池使用年限已至，应进行更换； 5. 蓄电池容量核对充放电时，放电后间隔1～2 h应进行容量恢复充电，禁止在深放电后长时间不充电，特殊情况下不应超过24 h
5	日常维护		参照直流电源柜日常维护清单
6	运行期巡查		每班1次，检查内容及要求： 1. 蓄电池摆放整齐，接线规则有序； 2. 电池编号清楚，无发热、膨胀、漏液爬酸现象； 3. 充电装置工作状态，各电压、电流正常； 4. 直流母线正对地、负对地电压应为零，直流系统对地绝缘良好； 5. 蓄电池柜及蓄电池应清洁无积污； 6. 蓄电池连接处无锈蚀、凡士林涂层应完好； 7. 蓄电池容器应完整，无破损、漏液，极板无硫化、弯曲、短路等现象； 8. 蓄电池电解液面、蓄电池温度正常
7	经常性检查		每月不少于1次，参照《管理表单》中表67对经常性检查的要求进行
8	定期检查		每年2次，分别为汛前定期检查与汛后定期检查，按照《管理表单》中表67直流系统定期检查表执行
9	设备评定级		每2年1次，按照《管理表单》中表85直流装置等级评定表进行

B.30 直流(逆变)屏

序号	项目		管理标准
1	一般要求	外观	柜体外观清洁、无锈蚀、污秽,柜内无积尘,电缆引线孔封堵良好
		声音	无异常声响
		气味	无异常气味
		指示灯	指示灯、信号灯和监测装置的指示应正常,整流、充电、调压设备工作正常无报警
		仪表	逆变电源温度无异常,输出电压、电流在额定范围内,UPS 电源的输入、输出电压、电流、频率等参数指示值应正常
		接地	设备接地可靠,标识清晰
2	环境要求		室内温度应 5~35℃,运行中湿度不大于 75%,且无凝露
3	巡视路线		沿巡视路线标识开展巡视,详细记录巡视内容
4	安全检查及注意事项		1. 系统对地绝缘良好; 2. 应防止电气系统故障,防止误动作
5	日常维护		按照直流电源柜日常维护清单进行
6	运行期巡查		每班 1 次,检查内容及要求: 1. 监控装置运行正常,无报警指示; 2. 控制母线电压、合闸母线电压应正常; 3. 各种开关位置、指示状态应正确; 4. 高频开关等充电设备工作正常; 5. 逆变电源装置无异常报警,输出电压稳定,工作正常
7	经常性检查		每月不少于 1 次,按照《管理表单》中表 67 对经常性检查的要求进行
8	定期检查		每年 2 次,分别为汛前定期检查与汛后定期检查,按照《管理表单》中表 57 直流系统定期检查表执行
9	设备评定级		每 2 年评定 1 次,按照《管理表单》中表 85 直流装置等级评定表进行

B. 31 柴油发电机

序号	项目		管理标准
1	一般要求	外观	机组表面清洁，无积尘、无油迹，防腐保护层完好，无锈迹；机架固定可靠
		指示灯	指示灯指示正常
		仪表	显示值准确可靠
		接地	有可靠接地，接地电阻值符合要求
2	配置要求		通风设施、消防设施、照明设施等配备齐全
3	安全检查及注意事项		1. 运行期间产生噪音较大，做好防护措施； 2. 运行期间禁止打开散热器水箱盖，防止烫伤
4	日常维护		按照日常维护清单进行
5	运行期巡查		1. 燃油阀门开关动作可靠，有明显的旋转方向标志； 2. 调速杆灵活，各连接点保持润滑； 3. 柴油发电机油路、水路连接可靠，无渗漏现场，冷却水位、曲轴箱油位、燃油箱油位、散热器水位正常，滤清器清洁； 4. 蓄电池电量随时保证充足，电气接线桩头清洁，无变形； 5. 柴油发电机运转正常，无异常声响，电压、电流、温度及转速符合要求
6	经常性检查		每月不少于 1 次，按照《管理表单》中表 67 对经常性检查的要求进行
7	定期检查		每年 2 次，分别为汛前定期检查与汛后定期检查，按照《管理表单》中表 60 柴油发电机定期检查表执行
8	设备评定级		每 2 年 1 次，按照《管理表单》中表 96 柴油发电机等级评定表进行

B.32 安全用具

序号	项目		管理标准
1	一般要求	外观	无裂纹、变形、损坏
		验电器	验电器各节连接牢固，无缺失，长度符合要求
		接地线	接地线各连接点牢固，接地线无断股
		绝缘棒	绝缘棒、钩环无裂纹、变形、损坏
		安全带（绳）	1. 安全带（绳）无断线、断股现象，绳带无变质，金属部件无锈蚀、变形； 2. 安全带（绳）保护套完好，安全绳无打结现象
		绝缘手套	绝缘手套表面平滑，无裂纹、划伤、磨损、破漏等损伤，无针眼、砂孔、黏结、老化现象
		绝缘靴	绝缘靴靴底无扎痕、靴内无受潮
		编号	安全工器具应统一分类编号，定置存放
2	环境要求		温度应5～30℃，湿度应在50%～75%
3	配置要求		满足《管理条件》中表A.5安全用具柜的配置要求
4	安全检查及注意事项		1. 安全用具应定期进行安全试验，合格后才可使用； 2. 经试验或检验，不符合国家或行业标准或者超过有效使用期限，不能达到有效防护功能指标的安全工器具应及时报废
5	日常维护		1. 绝缘棒应垂直存放，架在支架上或吊挂在室内，不要靠墙壁； 2. 绝缘手套、绝缘靴应定位存放在柜内，与其他工具分开； 3. 安全用具的橡胶制品不能与石油类的油脂接触，存放的环境温度不能过热或过冷； 4. 高压验电器用后存放于匣内，置于干燥处，防止积灰或受潮
6	经常性检查		每月1次，巡查内容及要求： 1. 验电器、接地线、绝缘杆存放环境干燥、通风，无腐蚀气体； 2. 外观无裂纹、变形、损坏； 3. 验电器各节连接牢固，无缺失，长度符合要求； 4. 接地线各连接点牢固，接地线无断股； 5. 绝缘棒、钩环无裂纹、变形、损坏； 6. 安全带（绳）无断线、断股现象，绳带无变质，金属部件无锈蚀、变形； 7. 安全带（绳）保护套完好，安全绳无打结现象； 8. 绝缘手套表面平滑，无裂纹、划伤、磨损、破漏等损伤，无针眼、砂孔、黏结、老化现象； 9. 绝缘靴靴底无扎痕、靴内无受潮
7	定期检查		每年2次，分别为汛前定期检查与汛后定期检查，按照《管理表单》中表54对安全用具定期检查表执行
8	预防性试验		安全用具应按照《南水北调泵站工程管理规程》要求进行定期预防性试验

附录C 计算机监控系统管理要求

C.1 上位机及软件系统

序号	项目		管理标准
1	一般要求	计算机	计算机、显示器及附件完好，机箱内外部件整洁，无积尘，散热风扇、指示灯工作正常
		启动	运行时应检查操作系统启动画面、自检过程、运行过程、软件系统执行流畅程度等，发现异常要记录在案，请技术人员解决问题
		报警	软件系统运行期间弹出的告警信号要准时记录，包括弹窗警告、语音警告、错误代码告警等
		检查	巡查时应检查软件操作规程及运行情况，包括软件系统操作规程内容、运行记录内容
		备份	软件系统要多进行备份，不同存储设备均要留有备份，包含软件本身、安装操作指南、激活码和激活程序备份等
2	安全检查及注意事项		软件系统需配置专业杀毒软件，禁止安装非设备相关软件
3	日常维护		每月1次，对软件系统进行备份和维护调试
4	运行期巡查		每两小时1次，检查内容及要求： 1. 系统软件运行状态检查； 2. 操作系统检查； 3. 电气控制软件运行状态检查； 4. 数据库工作状态检查； 5. 网络通信软件检查； 6. 上位机自动化监控软件状态检查； 7. Online实时数据在线检查等
5	经常性检查		每月不少于1次，按照《管理表单》中表67对经常性检查的要求进行
6	定期检查		每年2次，分别为汛前定期检查与汛后定期检查，按照《管理表单》中表58计算机监控系统定期检查表执行
7	设备评定级		每2年1次，按照《管理表单》中表97计算机监控主机等级评定表进行

C.2 LCU柜

序号	项目		管理标准
1	一般要求	外观	应保持整洁
		声音	无异常的声响
		气味	无异常气味
		指示灯	1. PLC的CPU模块指示灯指示正常； 2. 交流电源、直流电源、主控电源、辅助电源指示灯常亮
		显示屏	1. 现地显示屏显示参数正确，操作灵敏、可靠，无报警等异常信息； 2. PLC开入量、开出量、模入量、温度量等显示正确，通信良好，工作正常
		继电器	外壳无破损，线圈无过热，接点接触良好
		继电保护设备	柜面各保护单元屏面清楚，显示准确，按钮可靠，柜体完好，构架无变形
		接地	设备接地可靠，标识清晰
2	设备间		1. 室内清洁，每周进行1次保洁； 2. 屋顶及墙面无渗漏水； 3. 防鼠板放置完好符合规范要求； 4. 室内照明良好，门窗完好； 5. 通风设备良好，室内温度应在15～30℃，湿度40%～70%，无凝露
3	配置要求		满足《管理条件》中表A.8对LCU屏柜室的配置要求
4	安全检查及注意事项		1. 电子仪器测量端子与电源侧应绝缘良好，仪器外壳应与保护柜在同一点接地； 2. 在正常操作时，工作人员应尽量避免触及外壳，并保持一定距离； 3. 线路中主保护与后备保护功能完善，必要时可增设辅助保护
5	日常维护		参照继电保护设备日常维护清单
6	运行期巡查		每班1次，检查内容及要求： 1. 装置运行应正常，无故障报警，发现异常应立即处理； 2. 装置有关保护的设备应按运行要求投入； 3. 各类继电器外壳有无破损，接线良好； 4. 常带电的继电器触点应无大的抖动及磨损，线圈及附加电阻无过热现象
7	经常性检查		每月不少于1次，按照《管理表单》中表67对经常性检查的要求进行
8	定期检查		每年2次，分别为汛前定期检查与汛后定期检查，按照《管理表单》中表58 LCU柜定期检查表执行
9	设备评定级		每2年1次，按照《管理表单》中表98 LCU柜等级评定表进行

C.3 机组测温柜

序号	项目		管理标准
1	一般要求	外观	柜体整洁,无损坏、变形,油漆完整、无污秽
		声音	无异常声响
		气味	无异常气味
		接线	1. 电缆进出孔封板完整,端子标号、电缆标牌清晰完整; 2. 二次接线排列应整齐,接线牢固可靠,无接线松动和脱落现象发生
		温度监控	温度监视数据显示正常,无坏点,无报警信号
		通信	测温柜内设备数据通信无异常
		接地	设备接地可靠,标识清晰
2	安全检查及注意事项		运行期间应严密监控设备温度,无高温报警;严禁设备在超规定温度下长期运行
3	日常维护		每周1次,清洁柜体表面;每月1次自动化维护
4	运行期巡查		每班1次,检查内容及要求: 1. 测温柜表面整洁,柜面标签无损坏,柜体无变形; 2. 柜内温度无异常,接线无松动或脱落,无报警信号; 3. 接线正确,电缆无破损,电缆进出口封堵正常
5	经常性检查		每月不少于1次,按照《管理表单》中表67对经常性检查的要求进行
6	定期检查		每年2次,分别为汛前定期检查与汛后定期检查,按照《管理表单》中表58计算机监控系统定期检查表执行
7	设备评定级		每2年1次,按照《管理表单》中表99主机组温、湿度仪表柜等级评定表进行

C.4 振动、摆度监测柜

序号	项目		管理标准
1	一般要求	外观	柜体整洁,无损坏、变形,油漆完整、无污秽
		声音	无异常声响
		气味	无异常气味
		接线	1. 电缆进出孔封板完整,端子标号、电缆标牌清晰完整; 2. 二次接线排列应整齐,接线牢固可靠,无接线松动和脱落现象发生
		振动监测	振动监控系统监视画面显示正常,无坏点,无报警信号
		通信	柜内设备数据通信无异常
		接地	设备接地可靠,标识清晰
2	安全检查及注意事项		运行期间应检查机组振动摆度正常,无报警;严禁设备在共振情况下运行
3	日常维护		每周1次,清洁柜体表面;每月1次自动化维护
4	运行期巡查		每班1次,检查内容及要求: 1. 柜体外观整洁、完好,铭牌完整; 2. 柜内通风正常; 3. 柜内电气接线规范,无线路老化破损情况发生,接线完整,端子排接线无松动脱落现象
5	经常性检查		每月不少于1次,按照《管理表单》中表67对经常性检查的要求进行
6	定期检查		每年2次,分别为汛前定期检查与汛后定期检查,按照《管理表单》中表58计算机监控系统定期检查表执行
7	设备评定级		每2年1次,按照《管理表单》中表100机组振动监测柜等级评定表进行

C.5 视频监视设备

序号	项目		管理标准
1	一般要求	外观	视频监视设备外观清洁,图像清晰、色彩还原正常,无干扰现象
		控制	摄像机控制云台转动灵活,无明显卡阻现象,摄像机焦距调节灵活可靠
		通信	视频监控机柜清洁,网络交换机、光纤收发机等工作正常,网络通畅
		硬盘	硬盘录像机容量应符合要求,并设置录像状态,可调用历史录像查询
		操作权限	视频监控系统的操作使用远程操作方式,根据用户角色不同,设置不同的用户权限
		防护	摄像机防护罩无破损、老化现象,固定摄像机的支架或杆塔无锈蚀损坏情况
		接地	设备接地可靠,标识清晰
2	巡视路线		沿巡视频监控布置开展巡视,详细记录巡视内容
3	安全检查及注意事项		视频管理计算机应安装客户端软件,系统内配置杀毒软件
4	日常维护		每月1次,对软件系统进行备份和维护调试
5	运行期巡查		每班1次,检查内容及要求: 1. 监控屏幕无信号缺失; 2. 视频监视设备柜内无异常报警; 3. 视频监控路由器应工作无异常,视屏监视服务器无告警信号,视频监视设备无失控现象发生等
6	经常性检查		每月不少于1次,按照《管理表单》中表67对经常性检查的要求进行
7	定期检查		每年2次,分别为汛前定期检查与汛后定期检查,按照《管理表单》中表82视频监视系统定期检查表执行
8	设备评定级		每2年1次,按照《管理表单》中表102视频监视系统等级评定表进行

C.6 网络设备屏

序号	项目		管理标准
1	一般要求	外观	表面应清洁，柜体密封，油漆完整，无变形，电缆进出孔封板完好
		声音	无异常声响
		气味	无异常气味
		通信	通信线路应采取有效屏蔽措施，防止电磁干扰和雷电干扰
		温湿度	柜内温度应在 15～30℃，湿度不大于 40%～70%，且无凝露
		接地	设备接地可靠，标识清晰，接地电阻不应大于 1 Ω
2	巡视路线		沿巡视路线标识开展巡视，详细记录巡视内容
3	日常维护		每周 1 次，对柜体表面进行清洁；每月 1 次，对网络设备进行通讯检查和维护调试
4	运行期巡查		每班 1 次，检查内容及要求： 1. 仪器仪表指示正确，数据通信正常； 2. 柜表面应清洁整齐，柜体前后密封，油漆完整无脱落； 3. 柜内接线和设备排布齐整完好； 4. 柜内每层设备上无积尘，电缆进出孔封堵完整
5	经常性检查		每月不少于 1 次，按照《管理表单》中表 67 对经常性检查的要求进行
6	定期检查		每年 2 次，分别为汛前定期检查与汛后定期检查，按照《管理表单》中表 58 计算机监控系统定期检查表执行
7	设备评定级		每 2 年 1 次，按照《管理表单》中表 102 视频监视系统等级评定表进行

附录 D　防汛物资及备品备件管理要求

D.1　防汛物资

序号	项目		管理标准
1	一般要求	外观	仓库环境干净整洁，物资摆放齐整，无霉变，灰尘积落
		测算	每年对照《防汛物资储备定额编制规程》(SL298—2004)，对泵站防汛物资测算
		登记	建立健全防汛物资入库出库管理，及时做好防汛物资登记工作
		采购	每年汛前对防汛物资进行 1 次盘查，对照防汛物资测算情况，及时购置缺少的防汛物资，办理入库登记
		存贮	重要防汛物资应设专门地点放置，并定期检查，满足汛期防汛需求
2	配置要求		满足《管理条件》中表 A.15 对防汛物资及备品件仓库的配置要求
3	安全检查及注意事项		做好安全卫生工作，确保防汛物资和人身安全
4	程序要求	接收	及时对采购的物资进行接收，接收时应检查物资是否合格，物品外观有无破损
		验收	对接收的物资在 3 天内完成验收，主要验收内容： 1. 物资的订货合同、采购计划、接收单、入库通知单是否齐全； 2. 质量和数量齐全，资料、单据、证件是否完备
		入库	对验收完成的防汛物资办理入库手续，并登记入册，物资必须有相关质量合格证及说明书，物品证件俱全
		出库	根据工程防汛需要，接到领用申请，及时完成出库，严格出库登记手续，做好发放有依据并及时准确
5	经常性检查		每月不少于 1 次，主要检查内容： 1. 物资库存数量充足，规格正确，性能良好； 2. 物资摆放的位置正确，是否处于使用期内
6	定期检查		每半年对防汛物资进行 1 次定期检查，检查主要项目： 1. 防汛物资应备足，物资的入库、出库有详实的记录； 2. 防汛物资应完好，无超使用期限； 3. 防汛物资的存放位置正确； 4. 建立防汛联动机制； 5. 制定防汛物资调运路线图
7	库存更新		防汛物资超出规定使用存放期限或经技术鉴定不符合使用要求的，应办理报废出库手续

D.2 备品备件

序号	项目		管理标准
1	备品备件仓库	外观	仓库环境干净整洁,物资摆放齐整,无霉变,灰尘积落
		梳理	对备品备件进行统计梳理,加强备品备件的管理,准确提供物资信息,保证工程能及时运行,并进行物资周转,减少资金占用和损耗
		登记	建立健全备品备件入库出库管理,及时做好备品备件登记归档工作
		采购	每年集中开展1次备品备件的定期采购,结合现有库存数量和泵站工程的工作计划,集中采购备品备件,满足工程运行需求
		存贮	做好备品备件物品摆放,充分发挥库房和设备的利用率
2	配置要求		满足《管理条件》中表A.16对防汛物资及备品件仓库的配置要求
3	安全检查及注意事项		做好安全卫生工作,确保备品备件安全和人身安全
4	程序要求	接收	及时对采购的备品备件进行接收,接收时应检查备品备件的证件是否齐全,资料是否相符,物品外观有无破损
		验收	对接收备品备件3天内完成验收,主要验收内容: 1. 物品的订货合同、采购计划、接收单、入库通知单是否齐全; 2. 质量和数量是否齐全,资料、单据、证件是否完备; 3. 在检查验收中需要复验、打压、调试的要及时送交相关部门检验,建立交接手续并及时跟进
		入库	对验收完成的备品备件办理入库手续,物品必须有相关质量合格证及说明书,证件俱全
		出库	根据泵站工程需要,本着节约使用原则申请备品备件,接到领用申请1天内完成出库手续,严格出库登记手续,做到发放有依据且及时准确
5	经常性检查		每月不少于1次,主要检查内容: 1. 备品备件库存数量充足,规格正确,性能良好; 2. 物资摆放的位置正确
6	定期检查		每季度对备品备件进行1次定期检查,主要检查内容: 1. 备品备件库存数量正确,规格、性能良好,无超出使用期限; 2. 备品备件摆放的位置正确,存放干净整洁
7	库存更新		备品备件超出规定使用存放期限或经技术鉴定不符合使用要求的,应办理报废出库手续

附录E 水文测报管理要求

E.1 水文测验

序号	项目	管理标准
1	观测人员	1. 水文观测人员应遵守国家政策、法令和法规，加强团结，搞好协作，遵守规范及规章制度；对工作认真负责，做到测报准确及时，资料完整可靠；刻苦钻研业务，苦练基本功，对技术精益求精；提高警惕，保守机密；爱护仪器设备，遵守安全操作制度，确保安全生产。 2. 水文观测人员要有高度的责任感，有良好的职业道德，忠于职守，热爱本职工作；不迟测、不早测、不误测和漏测；严格操作，谨慎从事，严禁丢失、损坏、涂改和伪造水文资料；实事求是，提供客观数据资料。 3. 保持测验工作的系统性和连续性，做到“四随”(随测算、随发报、随整理、随分析)、“四不”(不错报、不迟报、不缺报、不漏报)，以提高测验精度和效率
2	观测记载	1. 进行现场观测时，观测人员必须至少提前 5 min 到达观测现场，巡视周围情况，对影响观测的因素进行处理，对于有规定观测时间的项目，需保证正点准时观测。 2. 坚持现场随测随记，不得事后追记，记载应用硬质铅笔记载(考虑到外业潮湿、被降水打湿造成笔迹扩散，因此要求不得使用钢笔或签字笔等)。 3. 水文资料记录必须真实、准确、可靠，字体工整、清晰。 4. 每次观测数字在记载表中填记后，应就地复测 1 次，如发现第一次观测记录数据有错误，应用斜线(数字较多时可用横线)将原记录数字划去，但应能清楚地认出划去的数字，再在原记录值上方，记入更正数字，或在下一个相应栏中填写复测的数字。严禁在原记录数字上改字，不得采用橡皮或改正液擦拭、涂改，严禁挖补、粘贴、修改记录。 5. 各项原始观测资料的整理和计算必须及时进行，并对观测成果进行初步分析，如发现观测精度不符合要求，必须立即重测。如发现其他异常情况，应查明原因，并立即进行复测。严禁将原始记录留到资料整编时再进行计算和检查。 6. 原始观测记载簿每月或数月装订成册，妥善保存，并按时上交上级部门保管
3	水准测量	1. 测量仪器、测量方法及操作程序、水准路线长度、各项限差、水尺零点高程、测量成果的整理与计算应符合观测要求。 2. 注意事项： a. 测量最好能在无风或风小的天气进行；测量时仪器须用浅色测伞遮蔽阳光；迁站时仪器应罩上白色布罩，且不应将仪器横扛肩上前进。 b. 安置水准仪三脚架时，应使其中两脚与水准路线的方向平行，第三脚交替轮换置于路线方向的左、右侧。在斜坡上架设仪器时，应将三脚架的两脚置于斜坡下方。 c. 除路线拐弯处外，每测点上仪器和前后视标尺的 3 个位置，应接近于一条直线

续表

序号	项目	管理标准
3	水准测量	d. 同一仪器站测量时，不得 2 次调焦。转动仪器的倾斜螺旋和测微鼓时，其最后旋转方向应为旋进。使用自动安平水准仪时，相邻仪器站应交替对准前后视调平仪器。 e. 转点应选择在坚实土上，立尺时扶尺员必须将尺垫踩实，尺垫面平整，将水准尺立于尺垫顶上，并保护尺垫，防止误踏。 f. 水准尺保持垂直、气泡居中，水准尺轻拿轻放。 g. 测站迁移时，应将水准尺从尺垫上拿下，仪器未迁站，后视扶尺员不得先行迁尺。 h. 若因天气等因素影响成像不够清晰时，应适当缩短视线长度至成像清晰再读，视线长度用视距法测定，也可辅以测绳（尺）丈量，为使其前后视距差符合要求，测量中应注意不使其累积差系统增大。 i. 每一测段的往测和返测，其仪器站数应为偶数，若为奇数时应加入标尺零点差改正。由往测转向返测时，两标尺必须互换前后站位置，而往测第一测站上作前视的水准尺，在返测第一测站上它应该当作后视水准尺，并应重新安置仪器。 j. 工作间歇时，应选择 2 个坚实可靠的固定点作为间歇点进行双测，在间歇点上做上标记，间歇后应进行检测，检测指标应符合规定
4	断面测量	测量方法、范围、测次、精度、测点布设、断面测量中的水位观测和计算应符合观测要求
5	水位观测	观测项目、观测时间、精度要求、特殊情况下的人工观测、附属项目的观测及观测程序、观测资料的整理与计算、误差控制、比测应符合观测要求
6	流量测验	测量方法的选择，精度、测速垂线的布设，流速测量等要求及测量的操作程序、测量成果的整理与计算、测量误差的控制应符合观测要求

E.2 水情传输

序号	项目	管理标准
1	一般要求	1. 水情传输应做到“四随”和“四不”； 2. 报汛站的拍报项目、起止报汛日期等按省防办及省水文局下发的年度水情拍报任务的要求执行，水情信息的编写应符合《水情信息编码》(SL 330—2011)的要求； 3. 报汛站的水位，雨量自记仪器的配备、使用以及水位、雨量自记仪器率定等要求执行省水文局的有关规定； 4. 测站水情信息要保证完整，水情信息应在 20 min 内传输到省中心，其通信保障率要确保不低于 98%； 5. 报汛期间因各种原因仪器没有采集到数据时，应及时恢复人工观测并以人工观测值报出； 6. 水位超过传感器记录范围，无法使传感器恢复正常记录时，应及时恢复人工观测并以人工观测值报出； 7. 分中心水情值班人员应熟悉各个测站的特性，清楚各测站水情变化规律以及站与站之间的相互关系，从而对各测站所报的水情信息进行合理性检查，确保水情信息的准确可靠； 8. 由于汛期雷击故障较多，水情分中心和测站终端管理人员要注意天气预报，预防雷击造成的信息采集、传输中断； 9. 网络设备故障时，分中心应在 4 h 内恢复；光纤通信线路故障时，分中心应在 12 h 内恢复，特殊情况可延长 12 h
2	自动测报	1. 水文计算机系统即分中心系统，负责对测站传输的遥测数据进行接收、整合、转发。水文计算机系统主要包括遥测数据库、水情数据库及各类传输软件。分中心安装的传输软件有分中心水情信息交换系统、遥测交换系统、实时水情报汛系统。 2. 自动测报的信息流程按照测站到分中心，再到省中心的传输路径进行。测站数据通过遥测采集系统，传输到水情分中心；水情分中心通过水文计算机系统对数据进行处理、入库，再转发到省中心
3	人工测报	1. 测站报汛 a. 测站人员按照规范要求及时进行水位观测； b. 根据测站情况，编写水情报文； c. 认真校核水情报文，经确认无误后，由测站发送至水情分中心； d. 闸门启闭、闸门变动、泵站开停机、机组变动、暴雨等需要加报时，应在规定时间范围内(一般为 15 min)将报文发送至水情分中心。 2. 水情分中心报汛 a. 水情值班人员每日提前到岗，检查网络是否畅通、水情传输软硬件是否运行正常、整点遥测报文是否发送、遥测数据是否入库，查询各站 8 时左右的水情并做好收发准备。 b. 出现异常情况，应立即处理，不能处理的及时将问题通知领导和系统维护人员，并做好记录。如短时间内无法处理好，应及时和省水文局水情值班人员取得联系，通过 QQ 或电话发送报文，务必在 20 min 内将水情报文发送至省水文局。 c. 对测站报送的水情报文进行复核和合理性检查，发现问题及时纠正，保证发出的水情报文准确无误。 d. 各测站水情报文全部发送后，查看所需的其他外单位站点的水情信息是否收到，尽量确保所需信息全部收到

续表

序号	项目	管理标准
3	人工测报	e. 编制每日雨情、水情简报，及时发布于公司网站，并分送到公司领导和有关部门。汛期还应编发手机水情短信。 f. 按照要求在江苏省水情综合业务系统上填写水情值班日志，汛期每月编发水情分析报告
4	测报故障应急处理	1. 分中心应急处理： a. 故障发生在测站，立即通知测站解决； b. 故障发生在省中心，通知省中心解决； c. 故障发生在通信信道，启用备用信道，分析故障原因，解决问题，若解决不了应及时上报省水文局通信网络科，寻求技术支持； d. 故障发生在本分中心，在将报文电话报送省中心后，应分析故障原因，解决问题，必要时向相关部门请求技术支持； 2. 测站应急处理：发现故障时，首先确定故障节点。 a. 如是通信信道故障，应立即通过电话或其他方式将采集数据报送分中心； b. 如是采集仪器故障，应立即启用备用设备，同时对故障仪器进行维修； c. 无法解决时，应向公司请求技术支持

E.3 资料整编

序号	项目	管理标准
1	资料整理	1. 资料整理必须坚持随测、随算、随整理、随分析，以便及时发现观测中的差错，及时进行处理、改正，并备注说明。 2. 无论是人工观测还是遥测、自记的资料，在每日8时观测、报汛后，应随即进行昨日8时至今日8时的资料整理，月初完成上月的资料整理。 3. 各项整理、计算、分析工作，必须做到一算二校，完成原始记录资料的校核、故障处理和说明，并进行合理性检查。 4. 各项观测记载表、记录纸及整编成果表中的各项目应填写齐全，不得遗漏，不做记载的项目，一般任其空白。资料如有缺测、插补、可疑、改正、不全或合并时，应加注统一规定的整编符号。 5. 各项资料必须保持表面整洁，字迹工整清晰，数据正确，如有影响资料精度或其他特殊情况，应在备注栏内说明
2	在站整编	1. 整编开始前，应收集原始资料、考证资料、水文调查成果、历年整编有关情况以及测验工作中的有关分析图表和文字说明。 2. 应着重检查测验、计算方法及实测成果的合理性。对于实测资料中的数字计算应全面审核。 3. 应根据测站特性、整编项目的测验情况，合理选用整编方法。 4. 编制图表及计算应包括各种过程线图、要素相关图，各种实测成果表、逐日表、月年统计表，各种摘录表及其他辅助计算图表等。 5. 应整理数据、输入数据、计算及输出各项目整编成果。 6. 应进行单站资料的合理性检查。 7. 编写资料整编说明书，应包括测验情况、当年水情说明、资料整编情况、资料质量评定及遗留问题等。 8. 各项目的原始资料必须经过初作、一校、二校工序后方可进行整编。考证、定线、数据整理、综合图表类等均应做齐3道工序。 9. 在整编过程中，应全面了解测验情况并深入进行资料分析，做到推算方法正确，符合测站特性。对整编成果应进行合理性检查，以分析研究各水文要素的变化规律，使成果合理、可靠
3	资料审查	1. 审查人员对测站提交的资料应进行全面审查，对于上一年度复审、汇编中发现的问题，更要仔细对照、审查； 2. 所有参加审查的资料，以整编系统输出的成果表为准； 3. 对原始资料的审查，应注意检查图表是否齐全，各表内容填算是否完整、正确，表面是否整洁，自记及记录曲线是否清晰； 4. 对遥测数据的审查应重点检查异常数据修正（平滑处理）、中断缺测数据插补是否合理，尤其注意极值数据的可靠性检查； 5. 对各整编成果表必须逐站进行审查，并应进行表面统一检查，分别填在资料质量鉴定表的“审查意见”栏内； 6. 做好审查工作小结的有关资料收集，并编写审查工作总结报告

续表

序号	项目	管理标准
4	资料管理	1. 水文资料的装订 a. 原始资料主要指各项实测的原始记载资料，一般包括遥测原始数据库、水位观测记载簿、流量测验记载簿等。 b. 原始资料在测站整装时一般采用铁质订书钉，集中审查结束后对各项原始资料重新装订。 c. 各原始资料应采用全省统一的封面进行装订，封面应填写流域、卷册、水系、河名、站名、测站编码等内容。 d. 各原始资料应采用棉线装订。装订前应去除原文件中的铁质订书钉。 e. 水文资料整编成果的装订在复审结束后进行，各项资料按照卷册分类进行装订。 2. 水文资料的存储 a. 水文资料存储应在复审、汇编阶段且各项整编成果均达到规范规定的质量标准后进行。 b. 整编原始数据及其整编成果数据应在复审、汇编后的年内完成存储。 c. 整编成果数据应由行业主管部门指定的计算机整编软件输出，整编原始数据文件格式应符合整编软件规定的要求，整编成果数据和整编原始数据应保持一致。 d. 整编原始数据应采用独立数据文件和数据库 2 种方式进行存储；整编原始数据、整编成果数据应按照省水文局的统一要求进行命名。数据库数据应定期备份。 e. 应做好病毒防范措施，确保对数据进行存储备份的计算机没有病毒。 f. 存储介质应有 2 种以上，数据存储备份后，应进行检查测试，确保数据完整无误。 3. 水文资料的保管 a. 水文资料分为纸质资料、磁盘和光盘存储资料。 b. 资料应存放在干燥、防火、防尘、防磁的地点。 c. 保存纸质资料时，使用的纸介质应满足输出打印成果清晰和长期保存的要求。 d. 存储数据的磁盘、光盘应具有可靠性、稳定性和通用性，并且容量足够大，能够存储本站区本年度所有原始数据及成果数据。 e. 所有水文资料应长期保存。对磁盘、光盘存储的数据应定期检查，并在磁盘、光盘的保质期内进行转储。当存储介质失效时，应及时销毁。 f. 水文资料一律不外借，外单位需要查阅时一定要有本单位领导的批示。本单位有关人员需查阅时，须在本单位办公室内查阅，查阅时不得涂改资料

E.4 水文设施设备检查

序号	项目	管理标准
1	一般要求	1. 水文设施设备检查分为经常检查、定期检查和特别检查； 2. 思想上应高度重视，严格按照规定进行检查； 3. 当水文设施设备受不利因素影响时，对容易发生问题的设施设备应加强检查观测； 4. 当水文设施设备发生异常情况时，应分析原因，及时采取应急措施，并向领导汇报； 5. 检查记录应真实、详细，特别是影响水文信息采集的故障等信息，以便于日后水文资料整编； 6. 检查记录应按规定格式整理归档，定期检查和特别检查要形成检查报告
2	经常检查	检查频次、检查人员、检查内容符合经常检查要求
3	定期检查	检查频次、检查人员、检查内容符合定期检查要求
4	特别检查	当发生特大洪水、特枯水位、风暴潮、强烈地震或发生重大工程事故时，测站应及时上报公司，公司及时组织相关技术人员对设施设备进行特别检查，并制订修复方案和观测计划。测站应详细记录发生的情况和期间观测情况，作为档案保存

E.5 水文设施设备维修养护

序号	项目	管理标准
1	一般要求	1. 为保证水文测验顺利进行和水文自动测报系统无故障运行，应建立健全各种岗位责任制，明确责任，切实做好维修养护工作。 2. 公司和各个测站的工作人员在每年汛前、汛后应认真做好测报仪器、遥测设施设备的检查、保养工作。 3. 通过水文设施设备的定期检查、维护保养，及时发现设备缺陷和故障隐患，积极采取措施，消除隐患，确保设施设备良好。 4. 如遇恶劣天气、特殊水情，应特别注意设备的运行状态，出现问题及时处理。 5. 水文人员应熟读仪器设备的使用说明书、维护手册，掌握仪器设备正确的使用方法。公司应加强对工作人员的培训，提高职工应急处理故障的能力。每位职工都应该掌握基本的故障处理方法，能在最短的时间内解决问题，确保设施设备及时恢复正常状态。 6. 储备所需的备品备件。 7. 维修养护项目由公司统一布置，所在闸站与水文测站具体负责实施
2	水位观测设施设备	水位自记台、水尺、自记水位计等应按规程规范要求开展维修养护
3	流量测验设施设备	测流房、缆道房、流速仪、声学多普勒流速剖面仪、铅鱼和水文绞车等应按规程规范要求开展维修养护
4	水准测量设施设备	水准点、水准仪、水准尺及尺垫等应按规程规范要求开展维修养护
5	断面测量设施设备	断面桩、断面索、铅鱼、水文绞车等应按规程规范要求开展维修养护
6	水文自动测报系统	遥测采集系统、传感器系统、数据采集系统、通信系统、水文计算机系统、应用系统、数据库等应按规程规范要求开展维修养护

附录 F　工作场所管理要求

F.1　值班室

序号	项目	管理标准
1	清洁度	室内保持清洁、卫生，空气清新、无杂物，隔音良好
2	制度规程	墙面设有值班管理制度
3	物品	1. 物品、工具摆放整齐，门柜上锁，桌面电话机、对讲机、记录资料等应定点摆放； 2. 无其他杂物（如烟灰缸、烟头等），外借东西要做好借用记录
4	座椅	座椅摆放整齐，衣物摆放在衣柜内，禁止随意放于桌面、椅背等处
5	消防	消防设施完备，室内禁止吸烟
6	窗帘、空调	室内窗帘保持洁净、安装可靠，空调设施完好
7	人员	1. 值班人员接待外来人员应做到文明礼貌； 2. 闲杂人员或与工作无关的人员不要长时间在值班室逗留，不得大声喧哗，保持安静

F.2 办公室

序号	项目	管理标准
1	清洁度	室内保持整洁、卫生、空气清新,无与办公无关的物品
2	上墙制度	墙面设有岗位职责等相关制度
3	办公桌椅	办公桌椅固定摆放,桌面物品摆放整齐
4	书柜和资料柜	书柜及资料柜摆放应排列整齐,清洁无破损
5	空调窗帘等	室内窗帘保持洁净、安装可靠,空调设施完好
6	物品使用	爱惜使用电脑及其他办公设备,不得有意损害公共财物,保持办公室内清洁整齐,并随手关灯、关门
7	环境	办公场所要保持清洁、安静,工作人员着装规范、得体,言谈举止要文明、大方,注意场合、分寸
8	人员	踏实工作,积极学习专业知识,提高业务水平和工作效率,严禁打游戏、上网聊天,不做与工作无关的事

F.3 档案室

序号	项目	管理标准
1	清洁度	室内保持整洁、卫生、空气清新，无关物品不得存放
2	档案柜及档案	档案柜及档案排列规范、摆放整齐、标识明晰
3	阅览桌椅	桌椅摆放整齐
4	照明	照明灯具及亮度符合档案室要求
5	空调设施	室内窗帘保持洁净、安装可靠，空调设施完好
6	必备物品	温湿度计、碎纸机、除湿机配备齐全
7	环境	符合防火、防盗、防潮、防光、防尘、防虫鼠的要求；设置窗帘，配备灭火器、温湿度计、空调等保护设施，四周无危及档案室安全的隐患
8	管理	定期搞好档案室卫生，检查档案破损、霉变、虫蛀、褪色情况，发现问题及时解决；档案室专人管理，无关人员不得随意进入

F.4 会议室

序号	项目	管理标准
1	清洁度	室内保持整洁、卫生、空气清新，无关物品不得存放
2	会议桌椅	会议桌定点摆放，座椅和其他物品摆放整齐
3	投影、音响设施	投影、音响设施完好，能正常使用
4	空调设施	室内窗帘保持洁净、安装可靠，空调设施完好
5	插座	各类插座完好，能正常使用

F.5 仓库

序号	项目	管理标准
1	清洁度	仓库应保持整洁、空气流通、无蜘蛛网、物品摆放整齐
2	货架	货架排列整齐有序、无破损、强度符合要求、编号齐全
3	物品分类	物品分类详细合理，有条件的利用微机进行管理
4	物品摆放	物品按照分类划定区域摆放整齐合理、便于存取，并有明确的物品配置图，存取货应随到随存、随需随取；物品储存货架应设置存货卡，商品进出要注意先进先出的原则
5	物品登记	物品存取应进行登记管理、详细记录
6	环境	仓库应有通风、防潮、防火、防盗的措施，有特殊保护要求的应有相应措施。储存物品不可直接与地面接触
7	危险品	危险品应单独存放，防范措施齐全，定期检查
8	其他	照明、灭火器材等设施齐全、完好

F.6 卫生间

序号	项目	管理标准
1	清洁度	随时保持清洁,空气清新、无蜘蛛网及其他杂物,地面无积水。每日打扫不少于2次
2	洁具	洁具清洁,无破损、结垢及堵塞现象,冲水顺畅
3	挡板	挡板完好,安装牢固,标志齐全
4	清洁用具	拖把、抹布等清洁用具应定点整齐摆放,保持洁净

附录G 工程观测示意图

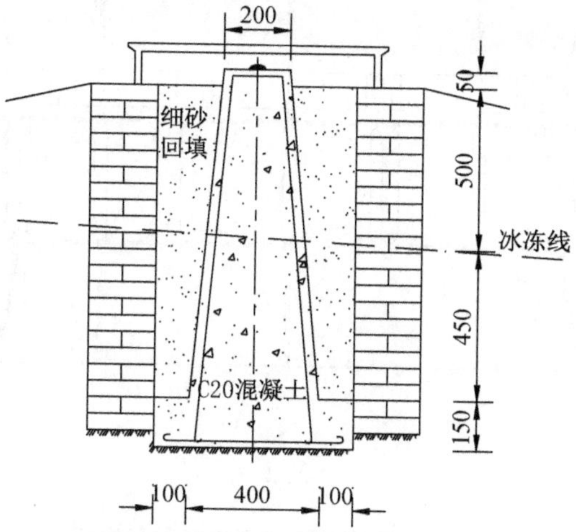

图1 混凝土式工作基点结构示意图(单位:mm)

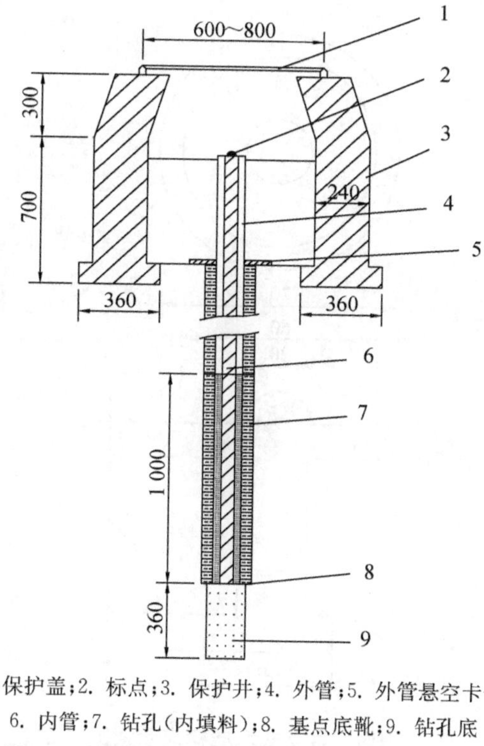

1. 保护盖;2. 标点;3. 保护井;4. 外管;5. 外管悬空卡子;
6. 内管;7. 钻孔(内填料);8. 基点底靴;9. 钻孔底

图2 深管式工作基点结构示意图(单位:mm)

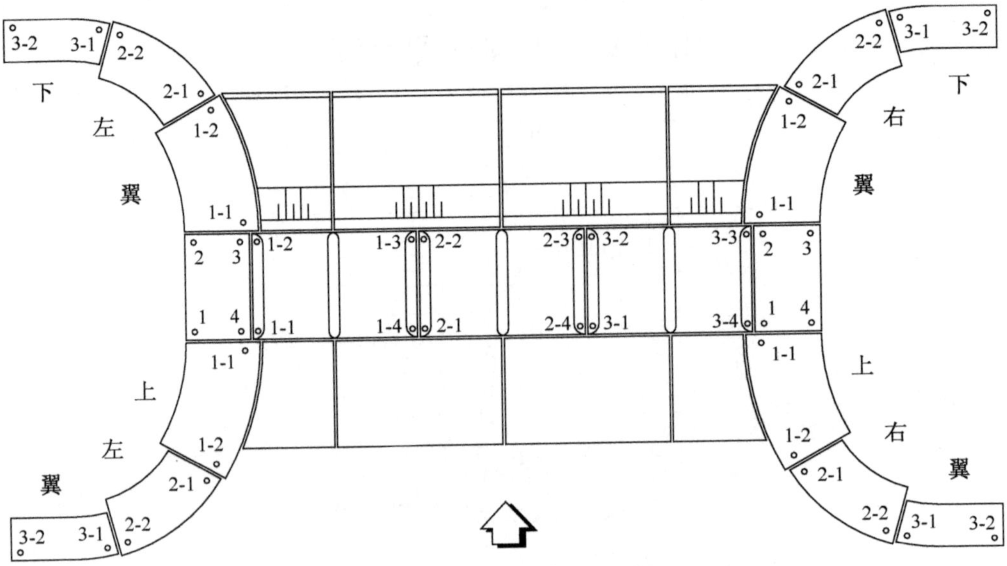

图 3　垂直位移标点平面布置示意图

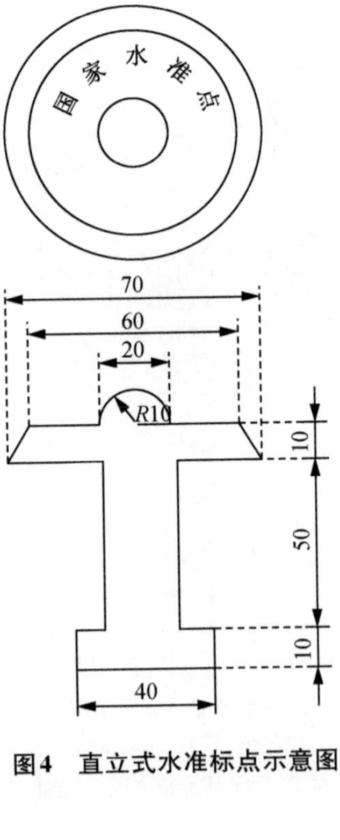

图4　直立式水准标点示意图

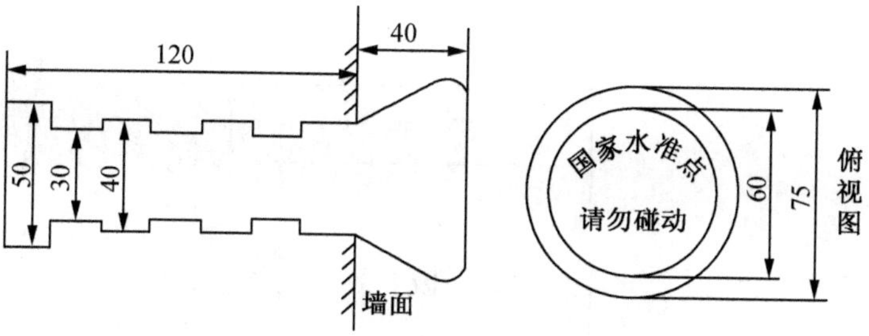

图 5　墙角式水准标点示意图

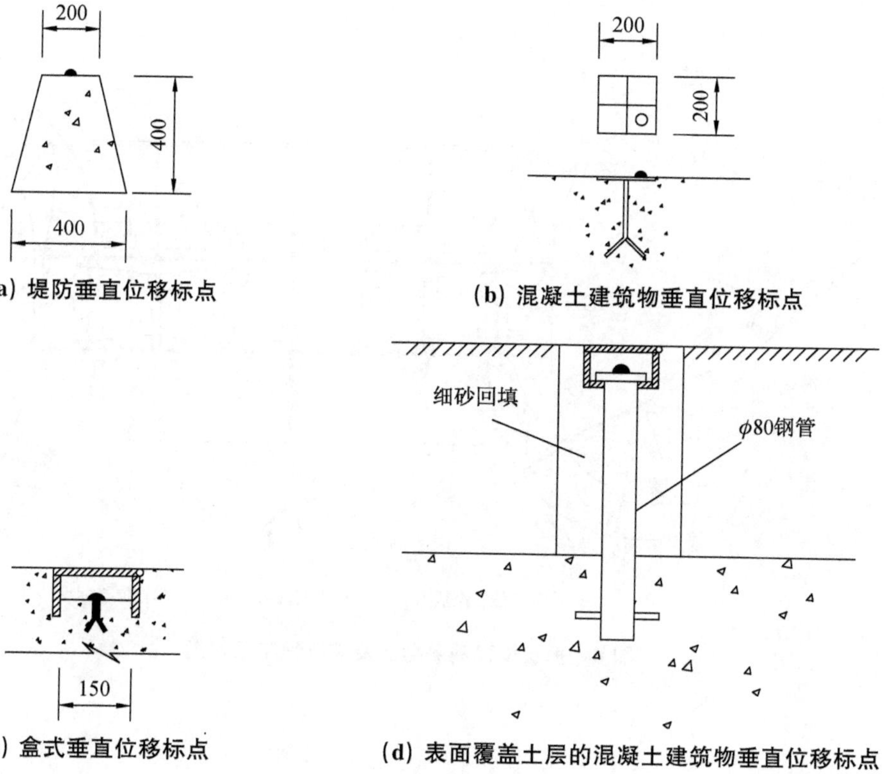

图 6　垂直位移标点结构示意图(单位:mm)

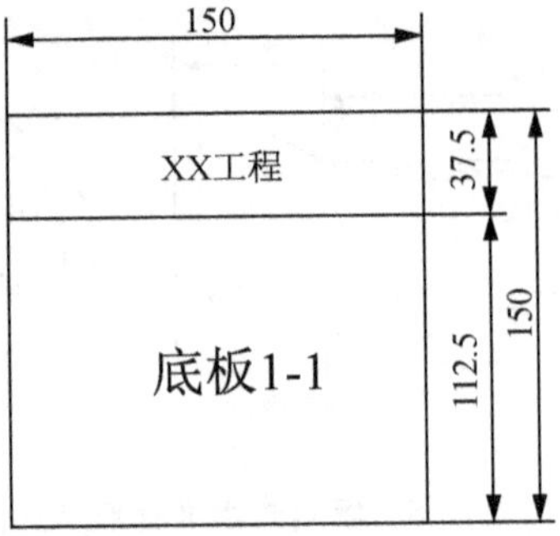

图 7　垂直位移标点标识示意图(单位:mm)

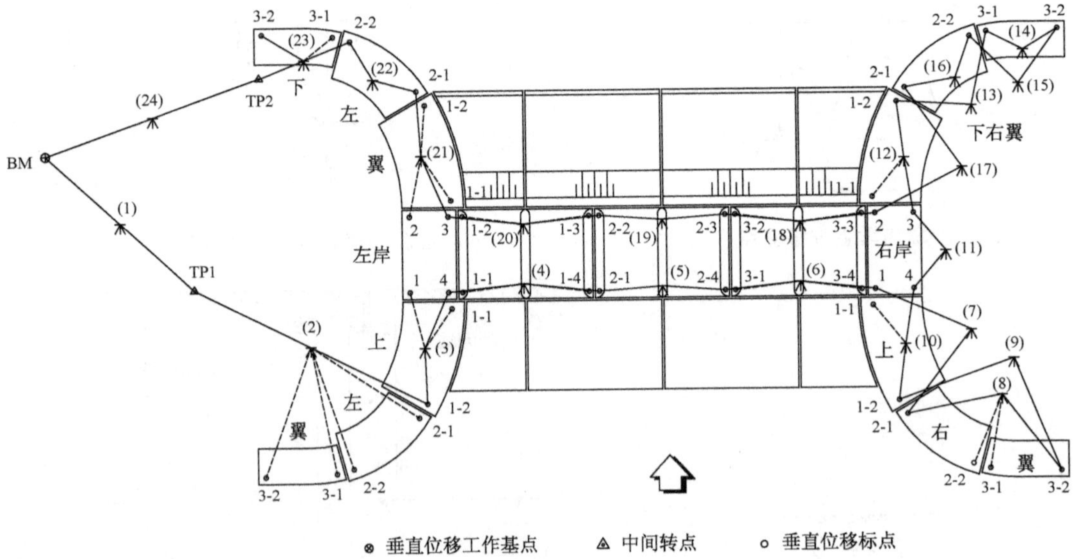

图 8　垂直位移观测标点及观测线路示意图

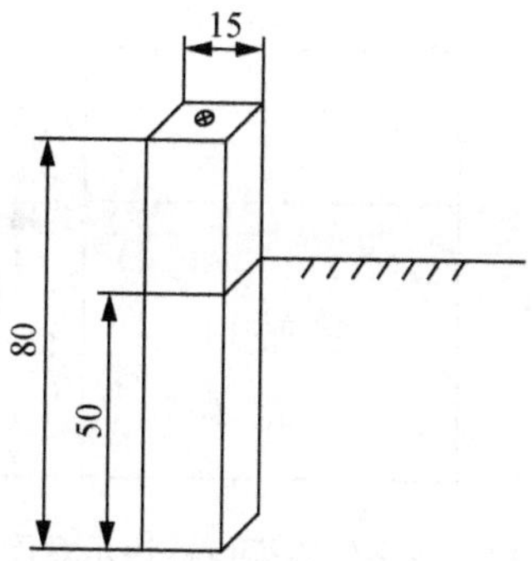

图 9　断面桩示意图(单位:cm)

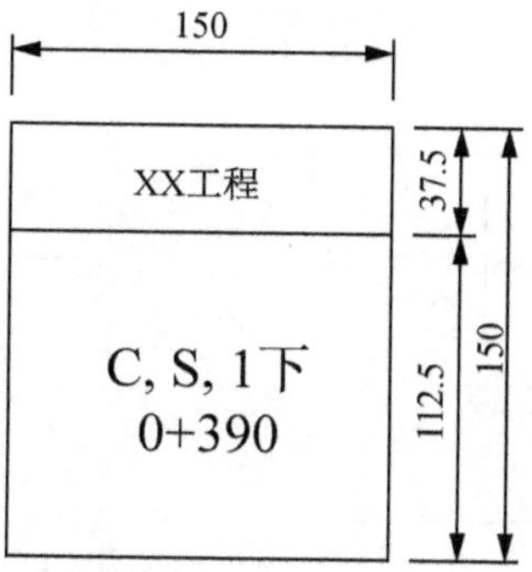

图 10　断面桩标识示意图(单位:mm)

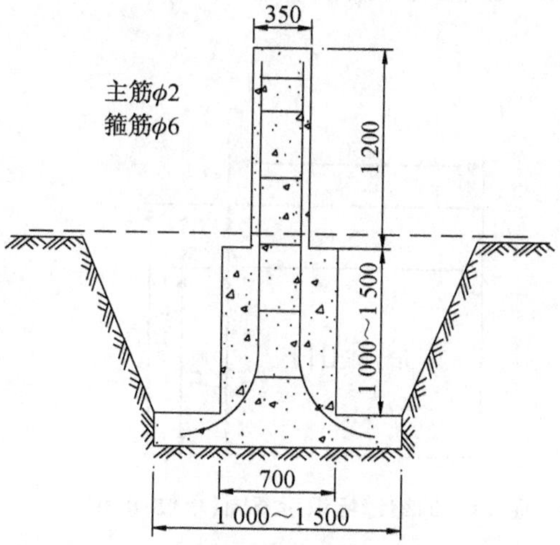

图 11　水平位移观测墩结构示意图(单位:mm)

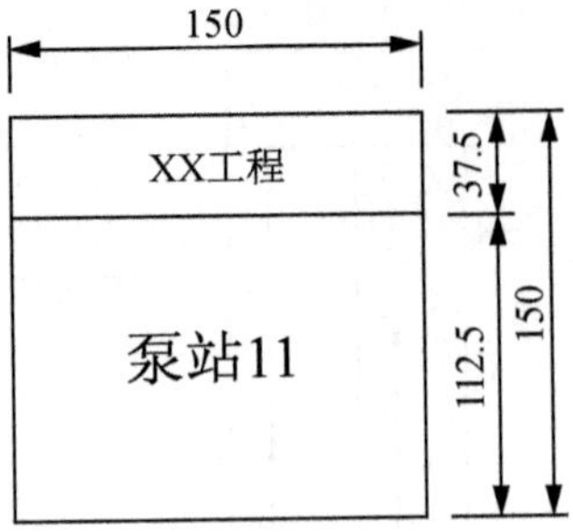

图 12　水平位移标点标识示意图(单位:mm)

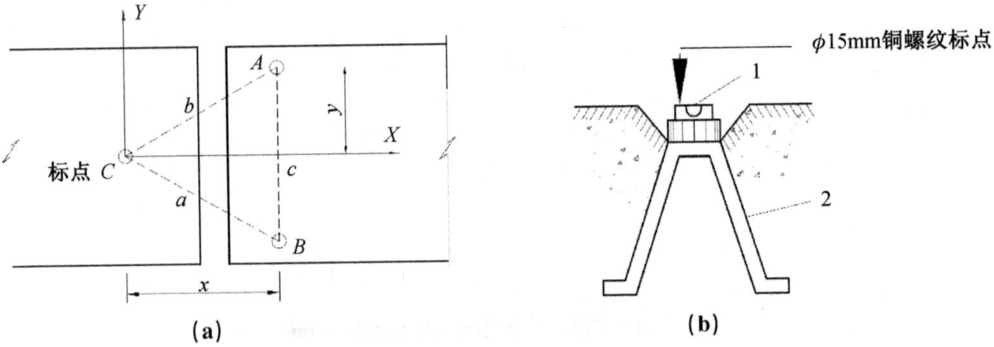

1. 卡尺测针卡着的小坑;2. 锚筋

图 13　三点式金属标点结构示意图(单位:mm)

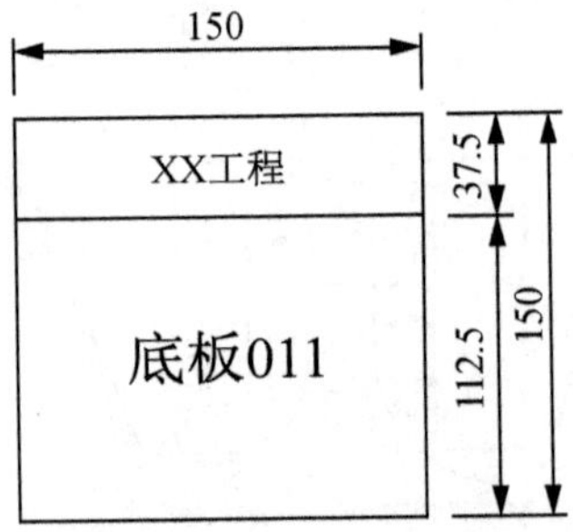

图 14　伸缩缝标识示意图(单位:mm)

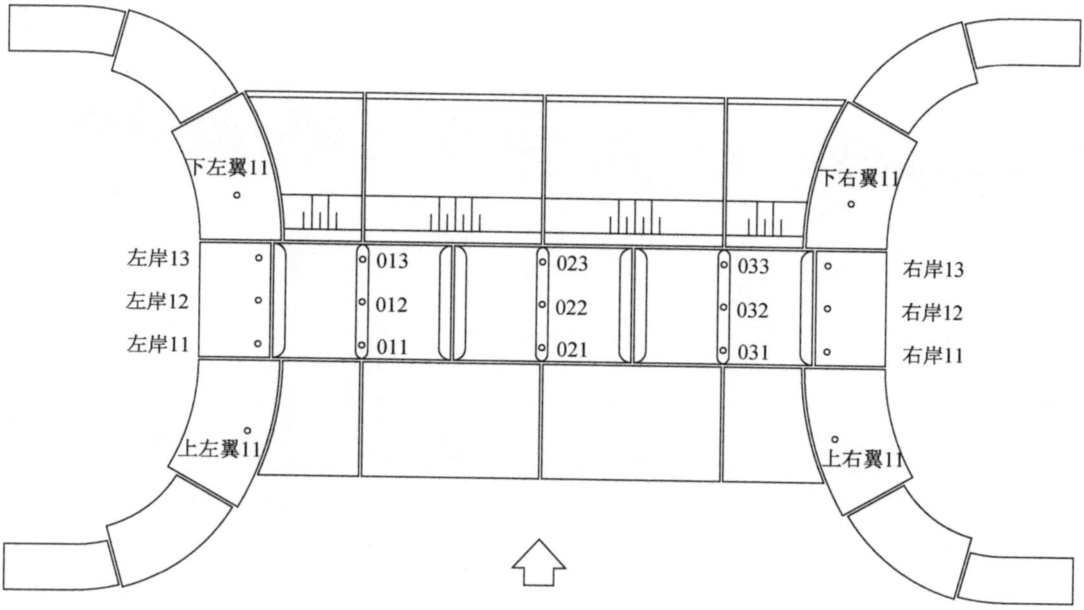

图 15 水闸、泵站测压管布置图

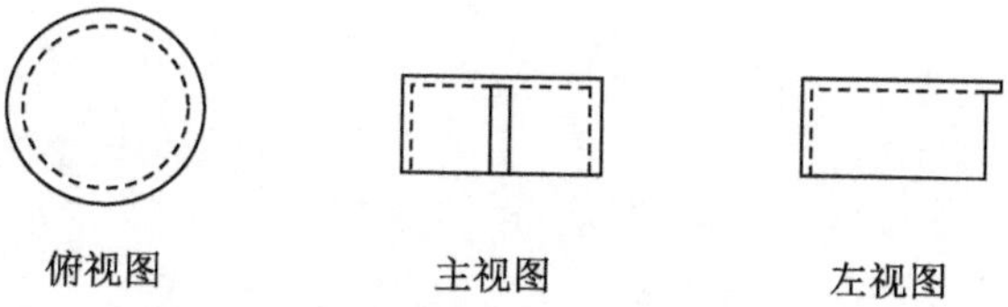

图 16 测压管保护罩结构示意图

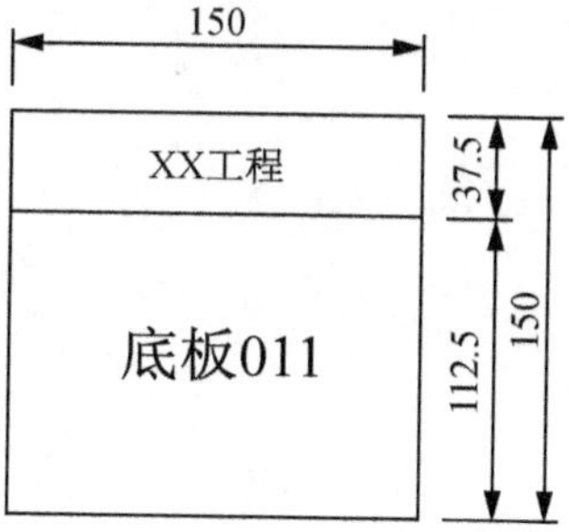

图 17 测压管示意图(单位:mm)

管理行为

1 范围

本标准规定了南水北调东线江苏水源有限责任公司辖管泵站工程设备操作作业、巡视作业、机组大修、电气试验、日常养护、工程观测等内容。

本标准适用于南水北调东线江苏水源有限责任公司辖管泵站工程，类似工程可参照执行。

2 规范性引用文件

下列文件中的内容通过文中的规范性引用而构成本文件必不可少的条款。其中，注日期的引用文件，仅该日期对应的版本适用于本文件；不注日期的引用文件，其最新版本(包括所有的修改单)适用于本文件。

GB/T 30948 泵站技术管理规程

SL317 泵站设备安装及验收规范

DL/T 724 电力系统用蓄电池直流电源装置运行与维护技术规程

DL/T 596 电力设备预防性试验规程

DB32/T 1713 水利工程观测规程

NSBD16—2012 南水北调泵站工程管理规程(试行)

NSBD21—2015 南水北调东、中线一期工程运行安全监测技术要求

3 术语和定义

本文件没有需要界定的术语和定义。

4 设备操作

4.1 一般规定

(1) 运行人员应明确操作目的，认真执行调度指令。

(2) 运行操作应在上位机监控系统中进行，按上位机操作票进行操作。如上位机自动化系统出现故障，必须由值班人员现场操作时，应由泵站负责人命令。

(3)运行人员现场操作 110 kV、35 kV、10 kV 高压电气设备时，应具备高压电工作业证；操作低压设备时，应具备低压电工作业证。

(4) 在开停机、高压停送电等重要操作时不应进行交接班，待完成后再进行交接。

(5) 电气闭锁回路只有在试验、检修时才可解除，在运行状态下禁止解除闭锁。

(6) 启动过程中，发现以下情况应及时停机：

① 电源及设备发生火灾；

② 上、下游河道及工作场所发生人身安全事故及险情；

③ 电机直接启动后若没有从启动状态转到运行状态；

④ 水泵、电机异常振动和声响；
⑤ 直接危及泵站运行安全的仪器仪表出现异常指示；
⑥ 其他危及人身和设备安全的紧急情况。

4.2 泵站运行操作的主要内容

(1) 泵站投运前准备。
(2) 直流电源投入。
(3) 上位机监控系统登录，进入控制状态。
(4) 主变投运或 10 kV(6 kV)电源投入。
(5) 站变投运和站备用 400 V 电源切换。
(6) 辅机设备启动运行。
(7) 主机开机操作。
(8) 主机停机操作。
(9) 辅机设备停止运行。
(10) 站变切出和站备用 400 V 电源切换。
(11) 主变切出或 10 kV(6 kV)电源切出。
(12) 上位机监控系统注销，退出控制状态。
(13) 直流电源切出。

4.3 设备运行操作作业指导书

各泵站按照 4.2 节内容结合设备实际情况编制《操作作业指导书》。

5 运行巡视检查

5.1 一般规定

(1) 值班人员在运行值班期间，应按规定的巡视路线和巡视项目进行巡查。

(2) 泵站运行期间，运行设备应定期巡视检查，为保证非运行备用设备随时投运，对备用设备也应定期巡视检查。

(3) 巡视检查重点：
① 操作过的设备；
② 检修试验中的安全措施；
③ 缺陷消除后的设备；
④ 运行参数异常的设备。

(4) 除按规定频次巡视外，遇有下列情况应增加次数：
① 恶劣气候；
② 设备过负荷或负荷有显著增加；
③ 设备缺陷近期有发展；
④ 新设备或经过检修、改造或长期停用后的设备重新投入运行；
⑤ 运行设备有异常迹象。

(5) 巡视检查电气设备期间，值班人员必须脚穿绝缘鞋；巡视检查时应随身携带必要的工器具(如手电筒、声测试仪，振动检测仪等)，检查时应认真、细致，根据设备运行特点采取看、听、摸、嗅等方式进行。

(6) 巡视检查期间，不得随意操作设备，改变设备运行方式。巡视检查中发现设备缺陷或异常情况，应及时处理并详细记录在运行记录上。对重大缺陷或严重情况应及时向值班负责人汇报，并采取及时有效的处置措施。

5.2 巡视检查主要内容

5.2.1 GIS

(1) GIS运行期间应定期巡视检查，每班1次。

(2) 主要检查内容及要求如下：

① 断路器、隔离开关、接地开关及快速接地开关位置应指示正确，并与实际运行工况相符；

② 断路器、隔离开关的累积动作次数指示值应准确、正常；

③ 各种指示灯、信号灯和带电监测装置的指示应正常，控制开关的位置应正确，控制柜内加热器的工作状态应按规定投入或退出；

④ 各种压力表和液面计的指示值应正常；

⑤ 避雷器的动作计数器指示值、在线检测泄漏电流指示值应正常；

⑥ 采用液压弹簧操作机构，操作机构油泵起动次数应正常；

⑦ 裸露在外的接线端子无过热、汇控柜内无异常现象；

⑧ 无异常声音和特殊气味。

5.2.2 主变压器

(1) 变压器运行期间应定期巡视检查，每班至少1次。

(2) 主要检查内容及要求如下：

① 油位、油色和油温正常，各部位无渗油现象；

② 套管外部无破损裂纹、无严重油污、无放电痕迹及其他异常现象；

③ 电缆、母线及引线接头无发热变色现象；

④ 声音、温度正常；

⑤ 吸湿器完好，吸附剂干燥；

⑥ 变压器的通风和散热正常；

⑦ 压力释放阀、瓦斯继电器工作正常。

5.2.3 电气控制柜

(1) 高低压控制柜运行期间应定期巡视检查，每班至少1次。

(2) 高低压开关柜的运行按有关设备运行规定执行，并应符合下列要求：

① 高低压开关柜应密封良好，接地牢固可靠；隔板固定可靠，开启灵活；

② 手车式柜“五防”联锁齐全，位置正确；

③ 隔离触头应接触良好，无过热、变色、熔接现象；

④ 联锁装置位置正确，二次连接插件应接触良好；辅助开关的接触位置正确，接触紧密可靠；连接、切换压板应位置正确，接触良好；

⑤ 成套柜内照明应齐全；

⑥ 继电器外壳无破损，线圈无过热，接点接触良好；

⑦ 仪表外壳无破损，密封良好，仪表引线无松动、脱落，指示正常；

⑧ 二次系统的控制开关、熔断器等应在正确的工作位置并接触良好；

⑨ 操作电源工作正常，母线电压值应在规定范围内；

⑩ 导线与端子排接触良好，导线无损伤，标号无脱落；绞线不松散、不断股、固定可靠。

5.2.4 电容器

(1) 电容器运行期间应定期巡视检查，每班至少1次。

(2) 主要检查内容及要求如下：

① 电容器运行电压、电流及温度不应超过规定值；

② 电容器外壳应无过度膨胀现象；

③ 电容器外壳和套管应无渗漏油及喷油现象；

④ 电容器、熔断器、放电指示灯和电压互感器应正常；

⑤ 电容器套管清洁，无裂纹、破损，无放电现象，与引线连接正常；

⑥ 外壳接地良好。

5.2.5 主电动机

(1) 主电动机运行期间应定期巡视检查，每2h巡视1次。

(2) 主要检查内容及要求如下：

① 定子电流、电压、转子电流、电压以及电动机的功率等指示正常；

② 定子线圈、铁芯及轴承温度正常；

③ 油缸油位、油色、油温等正常，无渗油现象；

④ 技术供水压力、温度及示流信号正常；

⑤ 无异常振动、声响和气味；

⑥ 滑环与电刷间无电火花，无积垢，无卡滞现象，电刷压力适中，温度不超过120℃；

⑦ 冷却风机运行正常。

5.2.6 励磁系统

(1) 励磁系统运行期间应定期巡视检查，每2h巡视1次。

(2) 励磁装置的运行应符合下列要求：

① 励磁装置的工作电源、操作电源等正常可靠；

② 表计指示正常，信号显示与实际工况相符；

③ 励磁回路发生一点接地时，应立即查明原因予以消除；

④ 各电磁部件无异声，各通电流部件的接点、导线及元器件无过热现象；

⑤ 通风、散热系统工作正常，冷却系统工作正常；

⑥ 励磁变压器线圈、铁芯温度、温升不超过规定值，声音正常，表面无积污；

⑦ 励磁装置在运行前，应检测灭磁回路工作正常。

5.2.7 主水泵

(1) 主水泵及传动装置运行期间应定期巡视检查，每2h巡视1次。

(2) 主要检查内容及要求如下：

① 填料函处漏水情况正常，无偏磨、过热现象，温度不超过50℃；

② 技术供水水压及示流信号正常；

③ 润滑和冷却用油油位、油色、油温及轴承温度正常；

④ 振动、声响正常。

5.2.8 直流屏

(1) 蓄电池、充电装置运行期间应定期巡视检查，每班至少1次。

(2) 主要检查内容及要求如下：

① 充电装置工作状态、各电压、电流应正常；

② 直流母线正对地、负对地电压应为零，直流系统对地绝缘应良好；

③ 蓄电池柜及蓄电池应清洁无积污；

④ 蓄电池连接处无锈蚀、凡士林涂层应完好；

⑤ 蓄电池容器应完整、无破损、漏液，极板无硫化、弯曲、短路等现象；

⑥ 蓄电池电解液面、蓄电池温度应正常。

5.2.9 技术供水系统

(1) 运行期间应定期巡视检查，每班至少1次。

(2) 巡视检查内容：

① 供水泵运行正常；

② 技术供水的水质、水温、水量、水压等满足运行要求；

③ 示流装置良好，供水管路畅通；

④ 排水泵自动控制装置动作可靠；

⑤ 集水井和排水廊道无堵塞或淤积，水位报警装置完好。

5.2.10 计算机、视频监控系统

(1) 运行期间应定期巡视检查，每班至少1次。

(2) 主要检查内容及要求如下：

① 机房、控制柜的温度、湿度等应符合设计规定的要求；

② 计算机、交换机、现地控制单元、不间断电源、大屏、打印机等自动控制设备运行正常，智能仪表、传感器、继电器等自动化元件运行正常；

③ 系统软件、控制软件、数据库、PLC软件等自动控制软件运行正常，数据采集、操作控制、监视报警、报表打印等自动控制功能正常；

④ 视频主机、摄像机等视频设备及视频软件运行正常，图像监视、录像、回放等功能正常；

⑤ 现地控制单元、微机保护装置、微机励磁装置、测量装置等设备通信功能正常，自动控制系统、视频监视系统与上级调度系统通信正常。

5.2.11 压力油系统

(1) 压油系统运行期间应定期巡视检查，每班至少1次。

(2) 压力油系统和润滑油系统应符合下列要求：

① 油温、油压、油量等符合制造厂规定要求，油质应定期检查，不符合标准要求的应进行处理或更换；

② 定期清洗油系统中的设备，保持油管畅通和密封良好，无渗漏油现象；

③ 油压管路上的阀件密封严密，在所有阀门全部关闭的情况下，液压装置储气罐在额定压力下，8 h内压力下降值应不超过0.15 MPa。

5.2.12 拦污栅、清污机

(1) 拦污栅、清污机运行应符合下列要求：

① 拦污栅无严重锈蚀、变形和栅条缺失；

② 清污机及传输装置工作正常；

③ 定期清除拦污栅前的污物，并按环保的要求进行处理；

④ 拦污栅栅前、栅后水位差小于规定值；

⑤ 根据气候状况投入相应的除冰设施。

5.3 巡视作业指导书

各泵站应按照 5.2 节内容结合设备，编制《泵站巡视作业指导书》。

6 设备维护

6.1 一般规定

(1) 泵站工程设备维修养护分为日常养护、设备维修。

(2) 日常养护中，对易磨、易损部件的检查、维护和更换调试应适时进行，对运行中发现的设备缺陷应及时进行处理。

(3) 进行主要设备的维修前应向公司调度运行管理部门提前备案。

(4) 设备检修应做好质量控制及验收工作。其中，主要设备的检修质量控制及验收工作应包括下列内容：

① 检修的质量标准应符合行业规定及设备制造厂的有关要求。

② 设备检修记录、试验报告、质量检验报告、试运行报告和检修总结报告等技术资料，应整理归档。

③ 检修设备需要试运行的，应在试运行合格后进行验收。

6.2 日常养护

6.2.1 主机组日常养护，应符合下列规定

(1) 做好水泵机组的日常清洁工作，外壳无尘垢油垢和锈迹，铭牌完整、清晰。

(2) 检查或更换填料，并清除填料函内的污垢。

(3) 检查与养护机组油、气、水系统等辅助设备，确保其工作正常。

(4) 定期测量主电机绝缘电阻及吸收比。

(5) 冬季应做好辅助系统管路的防冻工作。

6.2.2 电气设备日常养护，应符合下列规定

(1) 做好电气设备的日常清洁工作。

(2) 防止各种电气设备发生漏电、短路、断路、虚连等现象，线路故障应及时检测、维修或更换。

(3) 线路接头连接良好，防止铜、铝接头锈蚀。

6.2.3 启闭、闸门设备日常养护，应符合下列规定

(1) 外壳及机构应保持清洁。

(2) 动力电缆、控制电缆的接线无松动，连接可靠。

(3) 电控箱及电气元器件外观完好，工作正常。

(4) 转动齿轮啮合良好。

(5) 闸门及门槽保持清洁，润滑良好，各部件连接紧固。

(6) 闸门门体和吊点不得有裂纹、损裂或其他缺陷。

(7) 闸门渗漏应在规定的范围内。

6.2.4 拦污栅、清污机日常养护,应符合下列规定

(1) 及时清除格栅片上的垃圾及污物。

(2) 检查格栅片,如有松动、变形与腐蚀,及时整修。

(3) 传动机构润滑良好,动作灵活,链条链板松紧正常。

(4) 各种紧固件无松动。

(5) 检查皮带输送机皮带接口的牢固与松紧程度以及皮带跑偏情况,如异常应及时调整与纠偏。

6.2.5 柴油发电机日常养护,应符合下列规定

(1) 定期紧固螺母,传动部件无异物,及时更换发电机老化的控制线、输出电缆。

(2) 及时更换开裂油管、松动管接件。

(3) 定期检查蓄电池,检查电压是否充足,及时充电,紧固接头。

(4) 每月一次试机运行,有条件宜每季一次带载运行(补油液)。

(5) 更换及添加冷却散热器的防冻液、引擎润滑油。

(6) 每年检查并及时更换空气滤清器、润滑油(机油)滤清器、柴油滤清器以及油液、油管等。

6.2.6 设备维护清单

各泵站应根据泵站主要设备编制《设备维护清单》,维护周期分为周、月、季度、年 4 个频次。

6.3 主机组维修

6.3.1 主机组维修分为大修和小修

(1) 主机组小修是在不拆卸整个机组的条件下,重点处理某一设备的缺陷,通过小修可掌握设备的使用情况,为大修提供依据,延长设备使用周期。

(2) 主机组大修是对机组进行全面解体、检查和处理,更新易损件,修补磨损件,对机组的同轴度、摆度、垂直度(水平)、高程、中心、间隙等进行重新调整,消除机组运行过程中的重大缺陷,恢复机组各项指标。

6.3.2 泵站主机组检修周期

泵站主机组检修周期应根据机组的技术状况和零部件的磨蚀、老化程度以及运行维护条件确定,达到表 1 的规定取值之一,即进行检修,亦可根据具体情况提前或推后。

表 1 主机组检修周期

设备名称	大修		小修	
	日历时间(年)	运行时数(h)	日历时间(年)	运行时数(h)
主水泵及传动装置	3～5	8 000～20 000	1	2 000 以上
主电动机	3～8	8 000～2 0000	1～2	2 000 以上

6.3.3 大修主要工作

(1) 进场前准备:包括检修人员组织、维修工器具准备、维修零星材料采购、资料收集。

(2) 大修前准备:包括组织技术交底、办理工作票、场地和起重设备的移交、抽排水。

(3) 机组拆除。

(4) 机组维修。

(5) 机组回装。

(6) 试运行验收。

6.3.4 主机组大修作业指导书

泵站维修单位按照 6.3.3 节主要内容，编制卧式和立式两种类型的《机组大修作业指导书》。

6.4 电气预防性试验

6.4.1 电气试验的时间

电气试验的时间应安排在每年非运行期，并尽量保持 1 年的试验周期；电气试验应在晴好无雨的天气条件下进行，环境温度不得低于 5 ℃，空气相对湿度不得高于 80%。

6.4.2 电气预防性试验项目内容

(1) 六氟化硫封闭式组合电器(GIS)：绝缘电阻测量、导电回路电阻测量、断路器最低动作电压测试、SF_6 气体湿度测试、氧化锌避雷器运行电压下泄漏电流测试、雷击计数器校验。

(2) 油浸式变压器：绝缘电阻测量、直流电阻测量、介质损耗角正切值 $\tan\delta$ 及电容值测试、绕组直流泄漏电流测试。

(3) 干式变压器：绝缘电阻测量、直流电阻测量。

(4) 高压电动机：绝缘电阻测量、直流电阻测量、定子绕组直流耐压及泄漏电流测试、定子绕组及转子绕组交流耐压(大修后)。

(5) 电压互感器：绝缘电阻测量、三倍频感应耐压。

(6) 电流互感器：绝缘电阻测量、工频交流耐压、伏安特性试验。

(7) 真空断路器：绝缘电阻测量、导电回路电阻测量、工频交流耐压、断路器动特性测试。

(8) 氧化锌避雷器：绝缘电阻测量、电气特性测量、雷击计数器校验。

(9) 过电压保护器：绝缘电阻测量、工频放电电压测试。

(10) 高压母线：绝缘电阻测量、工频交流耐压。

(11) 高压电缆：绝缘电阻测量、串联谐振耐压。

(12) 接地电阻。

(13) 安全工器具：绝缘手套试验、绝缘鞋试验、绝缘杆试验、验电器试验。

(14) 绝缘油：绝缘强度测试、闭口闪点测试、介质损耗及体积电阻率测试、酸值测试、水溶性酸 pH 测试、水溶性酸 pH 测试、微量水分测试、色谱分析。

(15) 主变差动微机保护：采样检查、差动速断校验、比率差动校验、二次谐波制动系数校验、CT 报警门槛值校验。

(16) 主变后备微机保护：采样检查、过流Ⅰ段校验、过流Ⅱ段校验、零序过流Ⅰ段校验、主变中性点间隙零序过流Ⅰ段校验。

(17) 主变非电量微机保护。

(18) 进线微机保护：采样检查、过流Ⅰ段校验、过流Ⅱ段校验、过负荷校验、低电压校验。

(19) 站(所)变微机保护：采样检查、过流Ⅰ段校验、过流Ⅱ段校验、过负荷校验、零序过流Ⅰ段校验、低电压校验。

(20) 高压电动机微机保护:采样检查、过流Ⅰ段校验、过流Ⅱ段校验、过负荷校验、低电压校验、零序过流Ⅰ段校验、差动速断校验、比率差动校验。

(21) 中间继电器。

(22) 智能仪表:多功能智能仪表、电压表、电流表、频率表。

(23) 指针式仪表:电压表(直流)、电流表、电流表(75mV)。

6.4.3 电气预防性试验作业指导书

泵站修试单位应按照 6.4.2 节内容编制作业指导书。

7 工程观测

7.1 一般规定

(1) 泵站工程观测项目主要包括:垂直位移、水平位移、引河河道观测、测压管水位、伸缩缝观测。

(2) 分公司负责下达《工程观测任务书》,包括观测项目、观测频次、观测等级等内容。

(3) 观测工作应保持系统性和连续性,做到“四随、四无、四固定”,即随观测、随记录、随计算、随校核;无缺测、无漏测、无不符合精度、无违时;测次、时间、人员、设备宜固定。

(4) 外业观测中需要现场记录、计算检验的项目,应现场记录、计算;原始记录内容应真实、准确,字迹应清晰端正,记错处应整齐划去,并在上方另记正确的数字和文字;原始记录手簿每册页码应连续编号,记录中间不应空页、缺页或插页。

(5) 观测外业结束后,及时对记录资料进行计算和整理,并对观测成果进行初步分析,发现异常情况及时查明原因,必要时复测、增加测次或观测项目并上报。

(6) 用于观测的仪器和设备,应符合观测精度等级要求,并检定合格。

(7) 现场管理单位日常管理应做好观测标点的保护。

7.2 垂直位移

7.2.1 观测方法及要求

(1) 观测方法

① 观测方式:二等水准,环线往返校测观测。一条路线的往返测,应使用同一类型的仪器和转点尺承沿同一道路进行;

② 测读顺序:往测奇数站,后标尺、前标尺、前标尺、后标尺;往测偶数站,前标尺、后标尺、后标尺、前标尺。返测时奇偶数测站照准标尺的顺序与往测偶奇站相同。

(2) 观测要求

① 垂直位移观测频次:垂直位移在工程完工并投入使用后,每季度观测 1 次;

② 工作基点校测频次:工作基点埋设使用后 5 年内,应每年与国家水准点校测两次,第 6 至第 10 年每年与国家点校测一次,以后可减为每 5 年一次;

③ 垂直位移观测自工作基点引测各垂直位移标点高程,不得从垂直位移标点、中间点引测其他标点高程;

④ 测点较多时可以观测线路上的某测点作为后视,以一定范围的垂直位移标点作为同等的前视点(中间点),测定这组内不同标点的高程;

⑤ 垂直位移每一测段的观测宜在上午或下午一次完成，每一工程的观测宜在一天内结束，如工程测点较多，一天内不能完成的，应引测到工作基点上；

⑥ 每次观测前应对仪器 i 角进行检验，一等水准观测 i 角不应大于 15″；

⑦ 往返测环闭合差限差要求如表 2 所示；

表 2　往返测环闭合差

水准基点—工作基点			工作基点—垂直位移点	
观测等级	闭合差限差(mm)		观测等级	闭合差限差(mm)
	1 km 外	1 km 内		
一	$2\sqrt{K}$	$0.3\sqrt{N}$	二	$0.5\sqrt{N}$
二	$4\sqrt{K}$	$0.5\sqrt{N}$	三	$1.4\sqrt{N}$
三	$12\sqrt{K}$	$1.4\sqrt{N}$	四	$2.8\sqrt{N}$
注：N 为测站数，K 为单程千米数，不足 1 km 按 1 km 计。				

⑧ 测站视线长度、前后视距差、视线高度要求如表 3 所示；

表 3　测站视线长度、前后视距差、视线高度

单位：m

等级	仪器类型	视线长度	前后视距差	任一测站前后视距差累积	视线高度
一等	DSZ05、DS05 数字水准仪	≥4 且≤30	≤1.0	≤3.0	≥0.65 且≤2.80
二等	DSZ1、DS1 数字水准仪	≥3 且≤50	≤1.5	≤6.0	≥0.55 且≤2.80

⑨ 测站观测限差要求如表 4 所示。

表 4　测站观测限差

单位：mm

等级	上下丝读数平均值与中丝读数差	基辅分划读数的差	基辅分划所测高差的差	检测间歇点高差的差
一等	1.5	0.3	0.4	0.7
二等	1.5	0.4	0.6	1.0

7.2.2　观测设备操作程序

根据具体设备品牌及型号编制《工程观测作业指导书》。

7.3　河道观测

7.3.1　观测方法与要求

(1) 观测方法

① 固定断面观测：岸上部分观测，采用 GPS 全球定位系统(RTK)观测；水下部分观测，采用智能无人测量船观测(RTK 配合测深仪)；断面桩桩顶考证，四等以上水准精度接测。

② 河道地形观测：水下地形观测一般采用横断面法，断面线宜与水流方向垂直，特殊水域可视情况布设测线，原则上要能准确反映河床水下地形；一般根据固定断面观测数据绘

制河道地形。

(2) 观测要求

① 过水断面观测频次:上、下半年各观测一次。遇工程泄放大流量或超标准运用、单宽流量超过设计值、冲刷或淤积严重且未处理等情况,应该增加测次。

② 大断面观测频次:逢 5 年观测一次。

③ 河道地形观测频次:逢 5 年观测一次。

④ 引河河道断面观测岸上部分测点位置包括断面桩顶、断面桩底、坡顶、水面线。大断面观测需延伸至堤防背水侧堤脚外一定范围。

⑤ 水面高程测定,闸站引河段应在每日工作开始、中间、结束时各接测水面高程一次,可利用水准仪、经纬仪或 RTK 直接测定,也可根据水位计、水尺间接测定,若水位变化超过 0.1 m 且呈非线性变化时,应增加接测次数。天然河道水面高程利用水准仪、经纬仪或 RTK 直接测定。

7.3.2 观测设备操作程序

根据具体设备品牌及型号编制《工程观测作业指导书》。

7.4 水平位移

7.4.1 观测方法与要求

(1) 观测方法

水平位移观测采用视准线法。视准线法根据实际情况选用活动觇牌法或小角度法,观测时宜在视准线两端设工作基点,在工作基点架设仪器观测其靠近的观测标点的偏离值。

(2) 观测要求

① 工作基点在工程投入运用后 5 年内,应每年利用校核基点校测一次,如没有变化,以后可每 5 年校测一次。工作基点的水平位移量应小于 4 mm。

② 水平位移观测在工程投入后,应每季度观测一次,当水位超过设计洪水位、遇有水位骤降等特殊情况时应增加测次。

③ 用活动觇牌法观测时,每测回(正镜、倒镜各测一次为一测回)的允许误差应小于 4 mm,所需测回数不得少于两个测回。

④ 采用小角度法观测时,两次重合读数之差应不超过 0.4″,一个测回中,正倒镜的小角值不应超过 3″,同一测点各测回小角值校差不应超过 2″。

7.4.2 观测设备操作程序

根据具体设备品牌及型号编制《工程观测作业指导书》。

7.5 伸缩缝

7.5.1 观测方法及要求

(1) 观测方法

采用游标卡尺进行观测。

(2) 观测要求

① 工程竣工后的 3 年内,应每月观测一次,以后可每季度观测一次。当发生历史最高、最低水位,历史最高、最低气温,超标准应用等情况,应增加测次;当发现伸缩缝变化异常时,应增加测次。

② 观测建筑物伸缩缝时,应同时观测建筑物温度、气温、水位等相关因素。

③ 伸缩缝观测精确到 0.1 mm。

7.5.2 观测设备操作程序

采用游标卡尺观测，操作步骤见《工程观测作业指导书》。

7.6 测压管水位

7.6.1 观测方法及要求

(1) 观测方法

测压管水位观测主要采用自动化监测、电测水位计法观测两种方式。

(2) 观测要求

① 每周观测 1 次；

② 测压管管口高程在运行期每 5 年校测一次，观测精度符合四等水准的规定；

③ 电测水位计法观测时，测压管水位应独立观测两次，最小读数至 0.01 m，两次读数差不得大于 0.02 m，取其平均值，成果取至 0.01 m；

④ 电测水位计的测绳长度标记，应每隔 3 个月用钢尺校正一次。

7.6.2 观测设备操作程序

操作步骤见《工程观测作业指导书》。

8 考核与评价

(1) 南水北调东线江苏水源有限责任公司对分公司工程设备操作、巡视、机组大修、电气试验、日常养护、工程观测等作业行为进行定期评价。

(2) 分公司对辖管泵站现场管理单位的人员管理作业行为进行定期评价。

(3) 工程现场管理单位依据《南水北调江苏水源公司工程管理考核办法》及标准化体系文件，对人员管理作业行为进行自评，对规范实施中存在的问题进行整改。

(4) 评价依据包括工程定期、经常性检查记录、运行巡查记录、设备问题台账及检修记录、工作票、操作票、大修报告、项目管理卡、工程观测资料、电气预防性试验报告等，检查评价应有记录。

(5) 评价方法包括抽查、考问、演练等，检查评价应有记录。

(6) 对于人员管理作业工作的自评、考核每年不少于一次。

9 附则

附录 A　泵站操作作业指导书

附录 B　泵站运行巡视作业指导书

附录 C　泵站养护工作清单

附录 D　机组大修作业指导书

附录 E　电气试验作业指导书

附录 F　工程观测作业指导书

以上附录详见本丛书其他分册。

管理信息

1 范围

本标准适用于南水北调东线江苏水源有限责任公司辖管泵站工程信息系统的建设及运行管理工作。

本标准适用于南水北调东线江苏水源有限责任公司辖管泵站工程，类似工程可参照执行。

2 规范性引用文件

下列文件对于本标准的应用是必不可少的。凡是注日期的引用文件，仅注日期的版本适用于本标准。凡是未注日期或版本号的引用文件，其最新版本适用于本标准。

GB 50395 视频安防监控系统工程设计规范

SL583 泵站计算机监控与信息系统技术导则

SL715 水利信息系统运行维护规范

SL444 水利信息网运行管理规程

GA/T 367 视频安防监控系统技术要求

NSBD17 南水北调泵站工程自动化系统技术规程

3 术语和定义

3.1 泵站信息

为监测、保护、优化工程设备设施运行和管理需要，通过直接或间接方式采集的各类技术参数、音视频、流程、图表等相关信息，主要包括信息采集、传输、处理、存储和应用等部分。

3.2 泵站信息系统

通过统一数据汇聚、基础支撑服务和多系统联动等平台建设，实现对泵站信息的统一管理和利用。

3.3 站控级

泵站中央控制级，可实现集中监视、控制和管理。

3.4 现地主控单元

现地控制单元中包含中央处理器(CPU)模块的控制子单元。

3.5 远程 I/O 单元

现地控制单元中不含中央处理器(CPU)模块，与现地主控单元分开布置，且通过数据总线与主控单元通信的子单元。

3.6 智能测控设备

以微处理器为基础的，实现对泵站现场特定设备进行数据采集、处理、传递以及控制功能的专用测量和控制设备。

3.7 生产控制区

基于计算机和网络技术，监测、控制泵站工程现场实时运行的业务系统所组成的网络安全区。

3.8 管理信息区

基于计算机和网络技术，不直接参与泵站工程现场运行监测控制的信息管理类业务系统所组成的网络安全区。

4 总体要求

4.1 系统架构

泵站信息系统主要由工程监控系统、视频监视分析与安防系统、运行分析和诊断系统、信息管理系统、调度管理系统等组成。

信息化系统按照网络安全分区原则，分为生产控制区、管理信息区、信息发布区。其中工程监控系统在生产控制区，视频监视系统、运行分析和诊断系统、信息管理系统、调度管理系统在管理信息区。

工程对象包括主水泵、主电机、变压器、高低压变配电设备、变频器、励磁装置、直流装置、无功补偿装置、叶片调节装置、油气水公共辅助设备、清污机、启闭机、快速闸门、真空破坏阀、工程观测、水质、水量、流量、水雨情等。

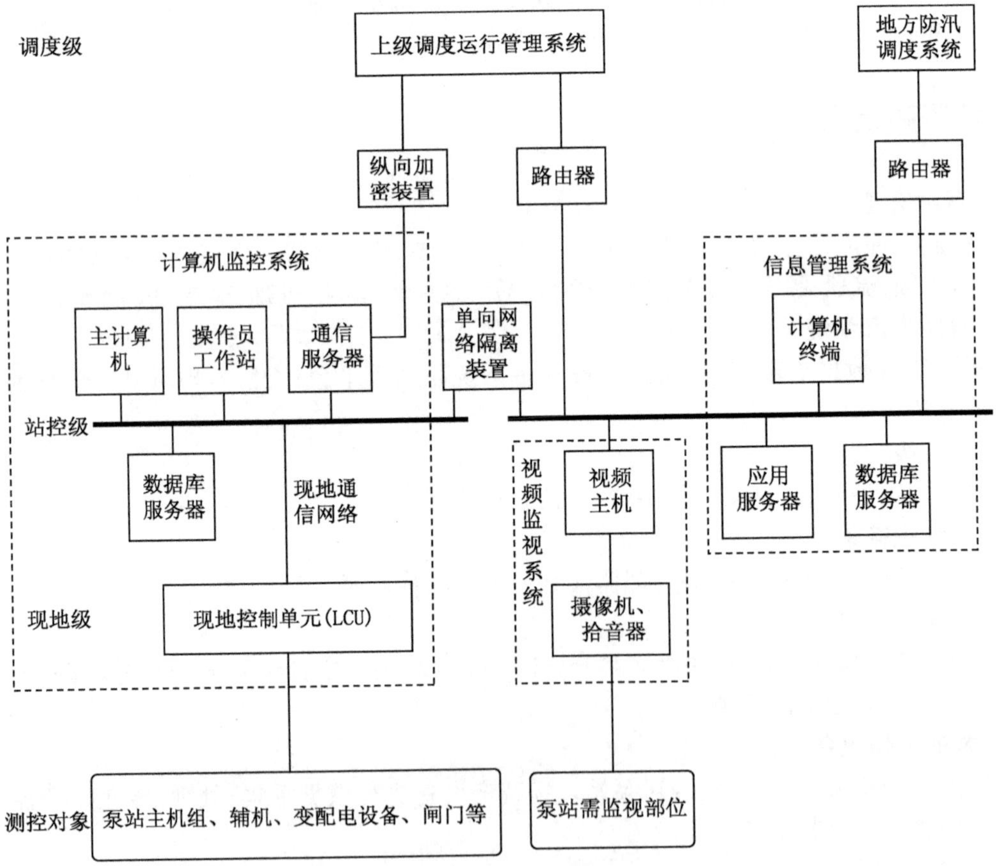

图1 泵站信息系统典型结构图

4.2 安全防护

生产控制区与管理信息区之间应设置单向网闸或隔离装置，管理信息区和信息发布区之间应设置防病毒软件。

5 自动监控系统

5.1 一般规定

泵站自动监控系统应通过对工程设备设施的电气量、振动、摆度、温度、压力、液位、流量、形变、开度、开关量等数据采集、数据传输、数据处理、数据存储与应用，实现对工程的监视、控制、报警、系统自诊断与自恢复等功能。

5.2 系统架构

采用分层分布结构，分为现地级、站控级和远控级，采用星型或环状拓扑网络。可按泵站不同被控对象划分的单元分别配置 LCU，也可按多个单元集中配置一套现地主控单元及多套远程 I/O 单元实施监控。推荐采用智能终端，实现测控保一体化。

5.3 系统功能

5.3.1 数据采集

数据采集对象包括：主水泵、主电机、GIS、变压器、高压变频器、高低压配电柜、微机保护、微机励磁、直流装置、无功补偿、叶片调节、油气水辅助设备、清污机、快速闸门、启闭机、真空破坏阀等。

(1) 采集的数据(包括不限于)

① 电气量

a. 主电机：电压、电流、有功、无功、功率因数、励磁电压(电流)、电度等；

b. 变压器：高低压侧电压、电流、有功、无功、功率因数、频率、电度等；

c. 站(所)用变压器：高低压侧电压、电流、有功、无功、功率因数等；

d. 高低压配电系统：母线、线路等电压、电流、有功、无功等；

e. 励磁装置：电压、电流等；

f. 变频器：输入、输出侧电压、电流、频率等；

c. 直流系统：输出电压、输出电流、单节蓄电池电压、充(放)电流等。

② 温度

a. 主电机：定子线圈、导轴承、推力轴承、润滑油、滑环；

b. 变压器：线圈、铁芯、绝缘油、接线桩头；

c. 供水泵：冷却水；

d. 稀油站：润滑油；

e. 高压柜：母线连接、接线桩头；

f. 水泵填料盒：泵轴；

c. 设备间、中控室：温湿度。

③ 压力

a. 冷却供水母管和支管；

b. 叶片调节装置液压油；

c. 液压闸门油；

d. GIS各气室；

e. 压缩空气。

④ 流量

a. 主水泵进水；

b. 冷却水母管和支管；

c. 排水泵出水；

d. 油站出油；

e. 水泵填料补水。

⑤ 液位

a. 上下油缸油位；

b. 轴承箱油位；

c. 叶片调节油箱油位；

d. 液压油箱油位；

e. 泵站、水闸上下游水位；

f. 高位水箱水位；

g. 集水井、排水廊道水位。

⑥ 振摆

a. 主电机：电机外壳处径向和轴向；

b. 主水泵：叶轮外壳或导轴承处轴向和径向；

c. 主机组联轴器：径向摆度。

⑦ 开关量

a. 开关分/合闸；

b. 手车试验/工作；

c. 已/未储能；

d. 就地/远程；

e. 调水/发电；

f. 联锁/解除；

g. 全开/关；

h. 高/底(上/下)限位；

i. 投入/切出；

j. 跳闸/故障等。

⑧ 其他

水泵角度、变频器运行频率、主机组转速、闸门(阀)开度(高)、水量、台时等。

(2) 采集传感器设置

采集传感器分为现场显示和远程采集。

① 电气量

主要有微机保护、电气仪表、智能仪表和控制器。

② 温度

主要有铂热电阻、红外线、热成像仪、射频温度传感器、传感器温控仪、巡检仪、温度表。立式主电机的上下导轴承、推力轴承每块均设置铂热电阻。

③ 压力

主要有压力传感器、压力表。

④ 流量

主要有超声波、电磁流量计。

⑤ 液位

主要有投入式压力、微压、超声波、雷达、浮子等。

⑥ 振摆

振动主要有速度和加速度，摆度为电涡流。一般径向在 X、Y 方向各设置 1 个，轴向设置 1 个。

⑦ 其他

主要有转速仪(表)、闸位计、开度仪、霍尔元件、模组。

(3) 系统数据采集精度应满足以下要求：

① 温度量采集精度不应低于 0.25%。

② 液位采集精度不应低于 0.25%。

③ 压力、流量采集精度不应低于 0.5%。

④ 闸门开度采集精度不应低于 0.25%。

(4) 系统数据采集周期应满足以下要求：

① LCU 开关量采集周期不应大于 1 s，电量采集周期不应大于 1 s，温度、水位采集周期不应大于 5 s，其他非电量采集周期不应大于 1 s。

② 站控级数据采集时间包括 LCU 数据采集时间和相应数据再采集并存入站控级数据库的时间，后者不应超过 2 s。

5.3.2 数据通信

(1) 系统应建立完善可靠的通信网络，远控级采用光纤以太网通信方式，站控级及现地级控制单元采用以太网方式连接。通信采用成熟、开放、通用的标准协议与接口。

(2) 与励磁装置、叶片调节装置、微机保护装置、快速门测控装置、直流系统、湿度巡检装置、变频器等设备的通信宜采用 RS485 通信接口或以太网，采用通用的标准通信规约。

(3) 与视频监视系统、信息管理系统的通信接口宜采用网络或串行接口。当采用网络接口时，宜采用基于 UDP 协议的单向数据传输规约。

5.3.3 数据处理

(1) 对采集的数据进行必要的处理计算，应计算和统计的数据包括：泵站扬程、流量、开机台数、运行台时、累计抽水量、用电量、机组效率、水闸流量、过水量等。将数据存入实时数据库和历史数据库，用于画面显示与刷新、控制与调节、记录检索、统计、操作、管理指导等。

(2) 完成数据的互锁逻辑运算、越限检查与报警信息的生产。

(3) 各类数据合理性比对与检查，工程单位变换等。

(4) 事件数据的记录与处理。

(5) 完成机组开停机等操作必需的逻辑条件处理。

5.3.4 数据存储

(1) 应存储的数据包括:电量、非电量、相关计算或统计量、控制指令、开关量变位、复归、故障及事故信息以及系统的自诊断信息等。

(2) 对于实时存储的数据,存储时间间隔可根据需要设置,最小可为 1 s。若存储时间间隔设置为 1 s 时,存储时间长度不应小于 30 min。

(3) 对于历史数据库存储的数据,存储时间间隔可根据需要设置,最小可为 1 s。若存储时间间隔设置为 1 s 时,存储时间长度不应小于 30 d。

5.3.5 数据应用

(1) 监视

① 应监视主机组、辅机、变配电、闸门等设备的运行参数和运行工况。发现故障状态、运行参数越限或者参数变化值异常时,应进行报警和相关信息显示。

② 应监视主机组开停机过程、变配电系统送停电过程、辅机设备启停过程、闸门升降过程等。发生过程受阻时,应给出报警提示和受阻原因。

(2) 报警

① 报警内容:变配电设备投切过程受阻、机组开停机受阻、辅机启停受阻、闸门升降受阻、微机保护装置告警动作、主机组各类温度偏高、瓦斯信号动作、励磁装置故障、变频器故障、上下油缸油位过高过低、压力异常、直流系统故障、冷却水中断、供水母管压力异常;集水井水位偏高;机组振动摆度超限等。

② 语音报警:宜通过语音或者不同的声音区别不同的报警内容。语音或报警声音可人工解除或延时自动解除。

③ 报警显示:当发生报警时,报警信息应在系统界面上突出显示。报警信息包括报警对象名称、发生时间、性质、确认时间、消除时间等。显示颜色应按报警类别确定。当前画面上有发出报警的对象或参数时,则该对象或参数应闪烁或者变化颜色。

④ 报警确认:应能通过报警窗口进行报警确认,包含该报警点的所有画面上的对象或者参数也应改变为报警确认状态。

⑤ 可根据需要设置报警点的报警投退功能。

(3) 控制与调节

① 可采用三种控制方式,包括调度级远程控制、站控级远程控制、现地控制。优先顺序为:现地控制、站控级、调度级。现地控制和远程控制方式可通过 LCU 上的硬件开关切换,调度级远程控制和站控级远程控制可通过软件开关切换。

② 主机组控制与调节内容:主机组开停机、事故停机、叶片调节、变频调节、励磁调节、真空破坏阀控制等。

③ 辅机设备控制与调节内容:供排水系统启停、消防供水系统启停、通风系统启停、气系统启停、压力油系统启停、稀油润滑系统启停等。

④ 闸门控制与调节内容:按给定开度自动完成闸门启闭;闸门限位与卡滞保护。

⑤ 变配电设备:主变压器、站、所用变压器等变配电设备的投入与退出、无功补偿自动投切等。

（4）保护

微机保护装置应满足以下要求：

① 根据电网结构、设备容量及类型、泵站的运行要求，按 GB/T 14285 的规定设置；主电动机保护，可根据泵站规模、电动机型号及电压等级、功率的不同进行配置；

② 具有在线自动检测功能，其内容包括装置硬件损坏、功能失效和二次回路异常运行状态的自动检测；

③ 通信接口采用 RS—485 或以太网等通信方式。通信内容包括装置识别信息、保护整定值、装置异常信号、故障信息、保护动作信息、断路器跳合闸信号以及每相电压、电流等参数。

（5）分析诊断

① 运行状态评价：通过振动、温度、压力、流量、液位、电气等信息实时在线监测，评价机组运行状态；

② 分级预警：分级设置报警限值，采用声音或弹出方式进行告警，自动采取相应控制措施；

③ 故障原因分析：建立故障库，采用故障树等方法对报警信息进行分析，自动诊断故障原因，提出初步处理意见。

5.3.6 人机接口

（1）人机接口应分为调度级、站控级和现地级。

（2）人机接口设计应遵守下列原则：

① 应具有运行操作、数据监测、智能告警、参数配置、历史数据查询、报表打印及系统维护等功能；

② 应给不同职责的运行管理人员设定不同的操作权限，操作时应具有二次确认画面；

③ 人机交互方法应简便、灵活、可靠，提示应准确，画面样式和交互方式应统一；

④ 画面调用方式应满足灵活可靠、响应速度快，调用任何一幅画面不应超过三次击键，应设计一定数量的快捷键，重要画面或功能可一次按键或者以 Tab 页的形式调出。

⑤ 有越限、故障及事故等报警信息发生时，应根据级别以语音、弹窗、警报等方式提醒。

（3）调度级及站控级的监视操作画面应根据泵站主机组形式、相关的配套设备确定，宜包括下列监视操作画面：

① 高、低压电气一次主接线图；

② 机组开停机流程监视图或者操作票；

③ 供、排水系统监控图；

④ 高压设备单控图；

⑤ 继电保护运行监控图；

⑥ 励磁系统监控图

⑦ 风机监控图；

⑧ 油、气系统监控图；

⑨ 闸门监控图；

⑩ 变配电系统运行报表画面；

⑪ 变频机组运行监控图；

⑫ 单机运行报表画面；

⑬ 单机运行监控图；

⑭ 泵站运行汇总表画面；

⑮ 所变、公共、温湿度、网络及 PLC 运行报表画面；

⑯ 智能告警画面；

⑰ 智能告警模型设计画面；

⑱ 变配电定值管理画面；

⑲ 机组定值管理画面；

⑳ 所变、直流及温湿度定值管理画面；

㉑ 操作指导画面、站身剖面图、流域图、枢纽布置图、值班巡视线路图、工程介绍画面等。

(4) 画面图符及显示颜色应满足下列要求：

① 主界面以蓝色为底色。

② 测点名称字体颜色为浅蓝色。

③ 全站运行总表以白色为底色，字体颜色黑色。

④ 操作流程图未执行时底色为红色，执行完成底色为绿色。

⑤ 后台生成的操作票、各种报表均以白底黑字的形式保存。

⑥ 电气接线图中不同电压等级的图符应采用下列颜色：交流 220 V——深灰；交流 380 V——黄褐；交流 3 kV——深绿；交流 6 kV——深蓝；交流 10 kV——绛红；交流 35 kV——鲜黄；交流 110 kV——米红；直流——褐色。

⑦ 各设备图符动态刷新颜色应采用下列颜色：主机组运行状态——红色；主机组停止状态——绿色；主机组检修状态——白色；断路器、隔离开关、接地开关合闸状态——红色；断路器、隔离开关、接地开关分闸状态——绿色；手车工作位——红色；手车试验位——绿色；一般设备运行状态——红色；一般设备停止状态——绿色。

⑧ 事件信息显示颜色应采用下列颜色：事故信息——红色；故障信息——黄色；变位信息——蓝色；复归信息——白色；操作信息——青色；流程信息——绿色；自诊断信息——浅蓝色。

⑨ 参数动态显示颜色应采用下列颜色：参数正常——绿色；参数越限——越上限或者下限时黄色，越上上限或者下下限时红色；图表越限——越上限或者下限时黄色，越上上限或者下下限时红色。

(5) 控制操作命令输入应满足下列要求：

① 进行控制操作时，应首先调用有关画面进行对象选择，被选中的控制对象应突出显示，经运行人员确认后方可执行有关控制操作；

② 被控对象的选择和控制操作应在同一操作员工作站上进行；

③ 控制操作过程中应有正确性校核和误操作闭锁功能；

④ 控制操作的执行过程和每一步操作结果应能清晰、直观、动态地显示相关画面。

(6) 应提供水位、流量等数据的趋势曲线查询界面，并支持在同一界面上以不同颜色显示多个数据量的趋势曲线或点击报表中相应数据进入趋势曲线查询界面。

(7) 应提供下列泵站运行报表查询：

① 主机组运行日报表；
② 主机组温度日报表；
③ 变配电设备运行日报表；
④ 泵站运行日报表、月报表、年报表；
⑤ 泵站设备动作统计月报表、年报表等；
⑥ 任意时间区间段主机组、变配电等设备运行统计报表。
(8) 应提供下列记录信息的查询：
① 操作记录；
② 故障诊断记录；
③ 事故记录；
④ 故障报警记录；
⑤ 越限记录；
⑥ 状态量变位记录；
⑦ 流程信息；
⑧ 保护动作信息；
⑨ 综合故障信息；
⑩ 当前报警信息。
(9) 应提供下列打印功能：
① 监控画面、变化曲线、运行报表、事件一览表、操作票等实时和历史打印；
② 支持定时打印、事件触发自动打印、召唤打印等方式打印运行报表。

5.3.7 控制流程

(1) 计算机监控系统宜包括下列控制流程：
① 主机组开机控制流程；
② 主机组停机控制流程；
③ 主机组事故停机控制流程；
④ 变配电设备控制流程；
⑤ 辅机系统启停流程；
⑥ 闸门控制流程；
⑦ 主电源一键送电流程；
⑧ 备用电源一键送电控制流程；
⑨ 主机组一键开机控制流程；
⑩ 主机组一键停机控制流程；
⑪ 水闸一键控制控制流程；
(2) 控制流程由高到低的优先级应满足下列顺序：
① 主机组的控制流程优先级为：事故停机、终止流程、停机流程、开机流程；
② 闸门的控制流程优先级为：终止流程、停止闸门、开闸门或关闸门。
(3) 控制流程引用的信号量应满足下列要求：
① 当控制流程中引用主机组断路器、变配电系统主要断路器的合分状态等开关量输入点作为判断条件时，宜采用双接点信号对该开关量输入点进行判断；

② 当控制流程中引用模拟量作为判断条件时，应对模拟量输入通道的状态进行检查；

③ 当控制流程中引用通信量作为判断条件时，应对数据通信的状态进行检查；

④ 对于自动启动的控制流程，不应采用常闭形式的开关量输入点作为流程启动条件。

(4) 控制流程的实现可采用自动顺序执行和人机交互执行两种方式。

(5) 除主机组事故停机流程外，其他控制流程启动前应满足启动条件，启动后应顺序检查流程执行的条件。任何一个条件不满足时应报警并退出。

(6) 主机组开机控制流程宜检查下列条件：

① 主机组处于停机状态；

② 现地或远方控制权限满足；

③ 控制电源正常；

④ 断路器手车处于工作位、弹簧已储能；

⑤ 微机保护装置正常；

⑥ 励磁系统正常；

⑦ 变频器正常；

⑧ 齿轮箱油位正常；

⑨ 上下油缸油位正常；

⑩ 闸门或真空破坏阀工作正常；

⑪ 叶片调节机构正常；

⑫ 供水或冷却系统开启并运行正常；

⑬ 母线电压正常；

⑭ 水泵进口水位正常等。

(7) 主机组停机控制流程宜检查下列条件：

① 主机组处于运行状态；

② 现地或远方控制权限满足；

③ 控制电源正常等。

(8) 变配电设备控制流程宜检查下列条件：

① 断路器或刀闸合分位置正常；

② 现地或远方控制权限满足；

③ 控制电源正常；

④ 断路器弹簧已储能等。

(9) 辅机系统控制流程宜检查下列条件：

① 设备状态正常；

② 现地或远方控制权限满足；

③ 操作电源正常等。

(10) 闸门控制流程宜检查下列条件：

① 闸门位置正常；

② 现地或远方控制权限满足；

③ 操作电源正常；

④ 闸门无过载动作信号等。

(11) 主电源一键送电宜检查下列条件;

① 断路器或刀闸合分位置正常;

② 微机保护装置工作正常;

③ 上位机、PLC 通信正常;

④ 现地或远方控制权限满足;

⑤ 控制电源正常;

⑥ 断路器弹簧已储能;

⑦ 各断路器、刀闸位置状态正确等。

(12) 备用电源一键送电宜检查下列条件;

① 断路器或刀闸合分位置正常;

② 微机保护装置工作正常;

③ 上位机、PLC 通信正常;

④ 现地或远方控制权限满足;

⑤ 控制电源正常;

⑥ 断路器弹簧已储能;

⑦ 各断路器、刀闸位置状态正确等。

(13) 主机组一键开机宜检查下列条件:

① 主机组处于停机状态;

② 现地或远方控制权限满足;

③ 控制电源正常;

④ 断路器手车处于工作位或自动推至工作位,弹簧已储能;

⑤ 微机保护装置正常;

⑥ 励磁系统正常,能够自动投入;

⑦ 变频器正常,能够自动投入;

⑧ 齿轮箱油位正常;

⑨ 上下油缸油位正常;

⑩ 闸门或真空破坏阀工作正常;

⑪ 叶片调节机构正常,能够自动调节叶片角度;

⑫ 供水或冷却系统能自动开启并运行正常;

⑬ 母线电压正常;

⑭ 水泵进口水位正常等。

(14) 主机组一键停机宜检查下列条件;

① 主机组处于运行状态;

② 现地或远方控制权限满足;

③ 控制电源正常等。

(15) 水闸一键控制宜检查下列条件;

① 闸门位置正常;

② 现地或远方控制权限满足;

③ 操作电源正常；

④ 闸门无过载动作信号；

⑤ 上、下游水位及水位差满足运行要求。

(16) 主机组事故停机控制流程应包括命令启动与自动启动两种方式。触发自动启动流程的条件宜包括下列信号：

① 微机保护动作信号；

② 励磁事故信号；

③ 变频器事故信号；

④ 主机组轴承温度过高信号；

⑤ 冷却水中断信息；

⑥ 电机定子绕组/铁芯温度过高信号；

⑦ 工作门异常下滑，开度小于限值信号；

⑧ 事故门异常下滑，开度小于限值信号等。

(17) 自动启动的事故停机流程应对事故信号进行下列安全闭锁处理：

① 对于微机保护动作、励磁事故等电气事故信号应做毫秒级滤波；

② 对于温度过高、冷却水中断等非电气量事故信号应做秒级滤波。

(18) 变配电设备控制流程应满足断路器、刀闸分合的电气闭锁条件。

(19) 渗漏排水泵应根据设定的液位限值自动启停设备；风机、空压机宜根据设定的温度、湿度、空气压力等限值自动启停设备。

(20) 闸门启闭过程中，当发现下列异常时应立即停止：

① 闸门运行过程中开度变化率小于限值；

② 卷扬闸门开启过程中荷重超过限值；

③ 卷扬闸门关闭过程中未到全关位时荷重小于限值；

④ 双缸液压闸门左右开度差值超出限值。

5.4 系统性能及配置

5.4.1 软件

(1) 计算机监控系统软件应包括操作系统软件和应用软件。应用软件应包括数据库软件、站控级监控平台软件、基于监控平台软件二次开发的应用软件、PLC 应用程序、触摸屏应用程序，以及借助第三方开发环境开发的应用程序。

(2) 操作系统应满足下列要求：

① 站控级计算机所采用的操作系统应是多任务、多用户、多线程的操作系统；

② 操作员工作站宜采用 Linux、Windows 操作系统，各类服务器宜采用 Windows 操作系统的服务器版或 Linux、UNIX 操作系统。

(3) 数据库软件应满足下列要求：

① 应采用客户机/服务器体系结构；

② 应支持快速存取和实时处理；

③ 宜支持数据仓库的建立和管理，对数据仓库和联机分析处理(OLAP)应用有完善的支持；

④ 宜支持扩展标记语言(XML)；

⑤ 应提供与其他商用数据库连接的应用接口，支持开放数据库互联(ODBC)、ActiveX数据对象(ADO)、对象链接嵌入型数据库(OLE DB)等接口标准；

⑥ 宜支持分布式的分区视图等。

(4) 站控级监控平台软件应满足下列要求：

① 应为不依赖任何特殊硬件的开放式软件，支持在标准网络环境下的客户机/服务器的结构；

② 应具有交互式数据库编辑生成、交互式画面编辑生成、交互式报表编辑等程序，组态生成的各种数据文件应可单独存放；

③ 应支持与主流 PLC 和遵守通用通信协议的智能测控设备的连接，并能同时连接多个厂家的不同的 PLC 设备和智能测控设备；

④ 应具有多种事件数据处理方式，包括各种运算、事件处理及统计等功能；

⑤ 应能提供泵站运行的各种信息并能以图形方式显示，信息应包括数据、报警、计算机资源状况和所发生的故障；

⑥ 应提供调试数据窗口、数据点浏览图等系统功能调试工具，便于进行系统调试；

⑦ 应提供支持主从冗余的能力，实现主计算机、操作员工作站的主从冗余；

⑧ 应支持与主流商用数据库系统的连接；

⑨ 应支持在画面和配置中使用简体中文。

(5) 基于监控平台软件二次开发的站控级应用软件应满足下列要求：

① 应能满足实现系统功能和控制流程的需要；

② 程序应具有良好的可读性和可修改性，应有脚本程序注释、测点名称及内存变量定义的说明；

(6) PLC 应用程序应满足下列要求：

① 应具有详细的注释和说明，可读性好，方便修改；

② 应能在标准响应时间内完成采集、上传数据、接受控制命令，并进行控制操作；

③ 程序结构宜采用一个主程序和各个独立功能子程序组合的模式。

5.4.2 硬件

(1) 系统宜配置下列硬件：

① 远程调度层：配置服务器、操作员工作站、工程师工作站、网络设备、打印机、不间断电源、大屏幕显示系统等；

② 泵站监控层：配置服务器、操作员工作站、北斗同步时钟、网络设备、打印机、语音报警设备、不间断电源等，亦可配置大屏幕显示系统；

③ 现地控制层：配置现地控制单元、微机保护装置、智能仪表、温度巡检仪、串口服务器、交换机网络通信等设备，并且按照监测对象要求配置传感器、执行元件等。

(2) 服务器、操作员工作站、通信、可编程序控制器的 CPU、电源等重要设备可根据泵站运行需要采用冗余配置。

(3) 硬件应满足下列要求：

① 采用标准化、技术成熟、高性价比的设备，并具有良好的可替代性；

② 选择质量体系有严格保证，具有完善服务支持网络的设备；

③ 现地控制单元 I/O 点数按不少于实际使用点数的 10%预留；

④ 硬件防雷除执行 GB 50343 要求外，对通信接口以及安装在室外的信号电缆等薄弱环节应加强雷电防护，并对防雷系统的接地定期进行检测，使其符合国家现行有关标准的要求；

⑤ 根据不同使用环境、性能要求选择自动化元器件。现场信号采集装置优先选用数字型、电流型传感器。

6 视频监视与安防系统

6.1 一般规定

视频监视与安防系统应对需要进行监控的建筑物内外的工程设备、设施、主要公共活动场所、通道、电梯、重要部位和区域等进行有效的视频探测与监视、图像显示、记录与回放，并根据保护对象的安全需求，进行不同层级的安全防护。

6.2 系统架构

视频监视系统的结构宜采用矩阵切换模式、数字视频网络虚拟交换/切换模式。视频监视系统包括前端设备、传输设备、视频主机和显示设备。

6.3 系统功能

视频监视功能包括监视、控制、报警、录像、上传。安防系统功能包括实体防护、出入口控制、入侵探测等。

6.3.1 监视

（1）监视对象

包括电机层、联轴层、水泵层、GIS 室、主变压器、站/所用变压器、高低压开关室、变频器、中控室、继电保护室、电缆夹层、上游或出水池、下游或进水池、清污机桥、引河堤防、配套水闸上下游、工程管理设施等与泵站运行管理有关的重要设备和建筑物。

（2）前端设备布设要求

① 摄像机镜头安装应顺光源方向对准监视目标，避免逆光安装；当必须逆光安装时，宜降低监视区域的光照对比度或选用具有帘栅作用等具有逆光补偿的摄像机。

② 摄像机的工作温度、湿度应适应现场气候条件变化，必要时可采用适应环境条件的防护罩。

③ 在监视目标的环境中可见光照明不足时，宜选用红外灯作光源。

④ 摄像机设置的高度，室内距地面不低于 2.5 m；室外距地面不宜低于 3.5 m，室外如采用立杆安装，立杆的强度和稳定度应满足摄像机的使用要求。

（3）监视功能要求

① 摄像机应能清晰、有效地获取视频图像。当环境照度不满足视频监视要求时应配置辅助照明。

② 活动摄像机可设定为自动扫描方式，通过云台控制摄像机上、下、左、右巡回扫描，获取监控区域内的视频图像。

③ 显示设备应能清晰、稳定显示所采集的视频图像。

④ 监视图像上应有图像编号/地点、时间、日期等信息。

⑤ 应能同时显示多个监视点的视频图像，并以单画面、四画面、九画面、十六画面等方

式显示。

6.3.2 控制功能要求

(1) 应能通过模拟键盘或计算机实现对摄像机、云台等的控制。

(2) 应能对活动摄像机的云台进行上、下、左、右控制，以及对镜头进行变焦和光圈调节，控制调节应平稳、可靠。

(3) 应能手动切换或编程自动切换(联控)监视图像，对视频输入信号在指定的监视器上进行固定或时序显示。

(4) 具有音频监控能力的系统应具有视频、音频同步切换的能力。

(5) 前端设备对控制命令的响应和图像传输实时性应能满足安全管理要求。

(6) 应能存储编程信息，在供电中断或关机后，对所有编程信息和时间信息均应保存。

(7) 应具有与报警控制器联动的接口，报警发生时应能切换出相应部位摄像机的图像，并同步显示和记录。

(8) 控制界面应采用多媒体图形界面，界面应美观，操作应方便。

6.3.3 录像功能要求

(1) 应能对任意监视图像进行手动或自动录像，当采用 4CIF 格式存储时，每一路视频图像存储时间不应小于 30 d。

(2) 存储的图像信息应包含图像编号/地点、存储时间和日期；应具有录像回放功能，回放效果应满足资料的原始完整性。

6.3.4 报警功能要求

可在图像中任意设定多个报警区域和报警声音。当设定区域内图像发生变化时，可自动报警并录像。

6.3.5 上传功能要求

(1) 系统应能向上级调度运行管理系统同时上传不少于 4 路视频图像。

(2) 应能以浏览器/服务器(B/S)模式提供远程视频监视服务。授权用户可远程浏览泵站视频监视系统的全部或者部分视频图像，也可对摄像机等设备进行控制。

6.3.6 安防功能要求(表 1)

(1) 对于工程出入口，应根据需求选择实体防护、出入口控制、入侵探测和视频监控等防护措施。应考虑出入口控制的不同识读技术类型及其防御非法入侵(强行闯入、尾随进入、技术开启等)的能力；应考虑不同的入侵探测设备对翻越、穿越等不同入侵行为的探测能力，以及入侵探测报警后的人防响应能力；应考虑视频监控设备对出入口的监视效果，应能清晰辨别出入人员的面部特征和出入车辆的号牌。

(2) 工程管理范围内通道和公共区域的防护应选择视频监控，监视效果应能看清监控区域内人员、物品、车辆的通行状况；重要点位宜清晰辨别人员的面部特征和车辆号牌。

(3) 中控室、高低压开关室、GIS 室、变压器室等重要工程区域、部位应合理选择实体防护、出入口控制(门禁)、入侵探测、视频监控等措施。

表 1　工程重要部位和区域防护设施配置表

序号	防护部位		防护设施	配置要求
1	泵站及配套供配电房	进水口上游 500 m 输水渠和出水口下游 300 m 输水渠道制高点	视频监控装置	应
		周边	电子巡查装置	应
		出入口	视频监控装置	应
			出入口控制装置	应
		内部	入侵探测装置	宜
			视频监控装置	
		窗户	实体防护措施	宜
			入侵探测装置	应
2	配套水闸（公用河道的渠道沿线排涝小涵闸除外）	节制闸、控制闸上游 500 m 输水渠道和下游 300 m 输水渠道分水闸和退水闸上游制高点	视频监控装置	应
		启闭机室及相应配套供配电房周边	电子巡查装置	应
		启闭机室及相应配套供配电房出入口	视频监控装置	应
			出入口控制装置	应
		启闭机室及相应配套供配电房内部	入侵探测装置	宜
			视频监控装置	宜
		启闭机室及相应配套供配电房窗户	实体防护措施	宜
			入侵探测装置	应
3	运行调度中心/数据机房	周边	电子巡查装置	应
		运行调度中心/数据机房及配套供配电房出入口	视频监控装置	应
			出入口控制装置	应
		运行调度中心值守区	紧急报警装置	应
			视频监控装置	应
		数据机房以及配套供配电房内部	入侵探测装置	应
			视频监控装置	应
		运行调度中心/数据机房以及配套供配电房窗户	实体防护措施	宜
			入侵探测装置	应

续表

序号	防护部位		防护设施	配置要求
4	安防监控中心/消控中心	周边	电子巡查装置	应
		出入口	视频监控装置	应
			出入口控制装置	应
		配套供配电房内部	入侵探测装置	应
			视频监控装置	应
		值守区	紧急报警装置	应
			视频监控装置	应
		配套供配电房窗户	实体防护措施	宜
			入侵探测装置	应
5	工程管理单位	周界	实体防护围栏	应
			入侵报警装置	应
			视频监控装置	应
		大门	视频监控装置	应
			实体屏障	应
			车牌识别系统(确定为防范恐怖袭击目标的)	应
			车辆阻挡装置(确定为防范恐怖袭击目标的)	应
		门卫室内部	紧急报警装置	应
			视频监控装置	应
			安保人员	应
		油库及其他易燃易爆和危化品储存场所出入口和主要内部机动车道	视频监控装置	应
		办公楼出入口	视频监控装置	应
		财务室/档案室出入口及与外部连接的主要通道、楼梯口、电梯厅和电梯轿厢	视频监控装置	应
		与外界公共区域相通的出入口	出入口控制装置	应
			防盗安全门	应
			视频监控装置	应

6.4 系统性能及配置

6.4.1 系统性能指标

在正常工作照明条件下，数字视频信号应符合以下规定：

(1) 单路画面像素数量不应小于 352×288(CIF);

(2) 单路显示基本帧率不应小于 25 fps;

(3) 数字视频的最终显示清晰度应满足本条第(1)款的要求。

6.4.2 软件

视频监视系统软件应满足下列要求:

(1) 应能实时监视各监视点的情况,具有图像切换、分割显示功能。

(2) 应具有云台控制、预置位、镜头变焦变倍、光圈调节、图像参数调整等功能。

(3) 应具有音视频录像、检索和回放功能。

(4) 应提供快放、慢放、单帧播放功能,并能实现图像抓拍、放大等功能。

(5) 应具有多个操作员密码,多个操作等级。

(6) 应记录设备启动、控制操作、故障报警、参数修改、系统维护等日志信息,并应提供日志查询功能。日志内容应包括但不限于下列内容:事件名称、事件性质、访问/操作人员、时间、对象、类型和结果。

(7) 应支持 Web 浏览,授权用户可通过网络浏览视频画面,并可通过网络进行镜头变焦、云台转动等控制。

6.4.3 硬件

视频监视系统应配置以下硬件:

(1) 一体化变焦摄像机、彩色摄像机或黑白摄像机(可另配自动光圈定焦镜头)。

(2) 解码器。

(3) 电动云台。

(4) 防护罩。

(5) 电源、视频信号、控制信号防雷器及相关信号隔离装置。

(6) 网络视频服务器。

(7) 监视器或大屏幕显示设备。

(8) 视频数据光端机。

(9) 视频图像存储及管理设备。

(10) UPS 电源等。

7 管理信息系统

7.1 一般规定

泵站工程管理信息系统是建立泵站综合数据库的基础上,以泵站自动监控系统、视频监视及安防系统、网络通信系统等为基础,构建以满足泵站安全监视、自动控制与调节、优化调度、经济运行、信息共享与泵站现代化管理等为目标的应用管理系统,是为泵站管理服务的应用系统。

7.2 系统架构

泵站工程管理信息系统应采用开放式系统结构,网络拓扑结构可采用星型或环型。系统硬件包括网络设备、服务器/工作站、人机交互设备、电源系统等设备。系统软件由操作系统软件、支持软件、应用软件组成。

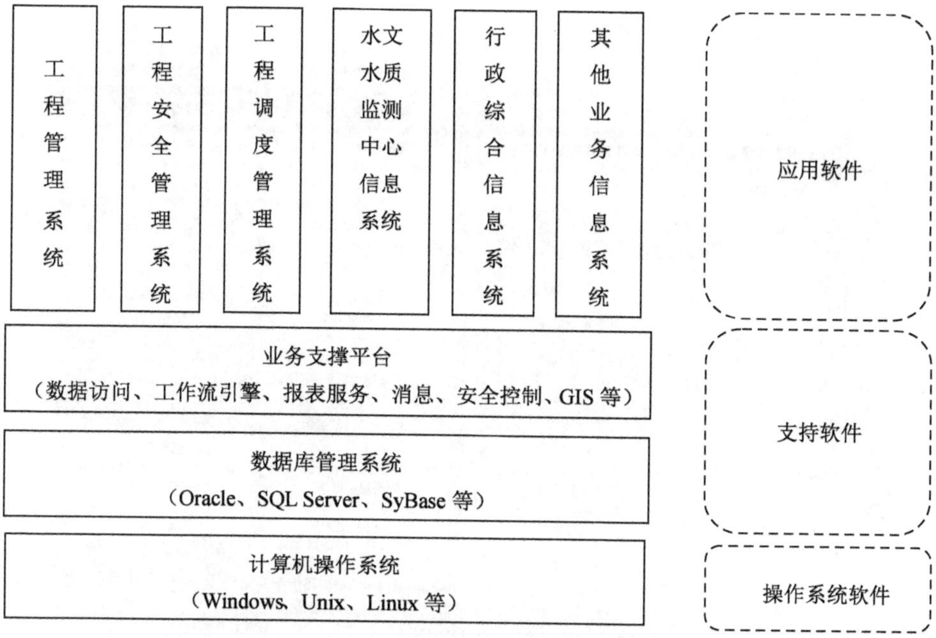

图 2　泵站工程管理信息系统结构框图

7.3　系统功能

系统的应用软件宜由多个业务子系统组成，各子系统分为不同的功能模块（图 3），可根据实际需求进行调整。

7.3.1　工程管理系统

工程管理系统包括以下功能模块：

（1）综合管理包括工程及管理单位概况、组织架构、规章制度、报表管理、值班管理等子模块。

（2）运行管理包括调度指令汇总、运行前检查、运行巡视检查、运行报表、历史查询等子模块。其中运行巡视检查可增加移动 App 巡检功能。

（3）设备管理包括设备台账、电气试验、设备评定级、消防系统年检及维护、特种设备检验维护、自动化系统维护等子模块。

（4）建筑物管理包括建筑物台账、安全监测、建筑物评定级等子模块。

（5）维修养护管理包括工程问题清单、工程维修项目管理、工程养护项目管理、日常保养台账等子模块。

（6）工程检查包括定期检查、经常性检查、水下检查、特别检查、上级检查等子模块。

（7）工程考核包括季度考核、年度考核等子模块。

（8）防汛管理包括实时信息监测、防汛信息服务、防汛组织管理等子模块。

7.3.2　工程安全管理系统

工程安全管理系统包括总体评价、目标管理、制度管理、教育培训、现场管理、安全风险管理、应急管理、事故管理、安全评价等模块。

图3　泵站管理信息系统业务功能模块图

7.3.3　水文水质监测中心信息系统

水文水质监测中心信息系统包括以下功能模块：

（1）水质监测包括样品管理、报告管理、组织架构管理、仪器耗材管理、视频监控、显示屏展示、统计分析等子模块。

（2）水情监测包括水文数字实时监控、水文资料数据库、效率计算分析等子模块。

（3）安全监测包括信息管理、预警判断、资料整编等子模块。

7.3.4　工程调度管理系统

工程调度管理系统是根据南水北调东线一期工程江苏段工程的特点，综合运用数学模型、虚拟仿真、自动控制、地理信息系统等技术手段，依托基础设施的建设，建立一套“实用、先进、高效、可靠”的水量调度业务系统，实现南水北调东线一期工程江苏段工程自动化调度运行，提供优化调度决策服务。

水量调度业务系统分为调度一张图、日常调度管理、调度方案编制、实时水量调度管理、调度统计评价、供水经营管理、应急响应管理7个子系统组成(图4)。

7.4　软件技术要求

信息管理系统的软件宜包括数据接收与管理程序、信息发布程序、上传数据接口程序、数据库平台软件、防病毒软件等。

7.4.1　数据接收与管理程序应满足下列要求

（1）应在数据库服务器中建立综合数据库，综合数据库应满足以下要求：

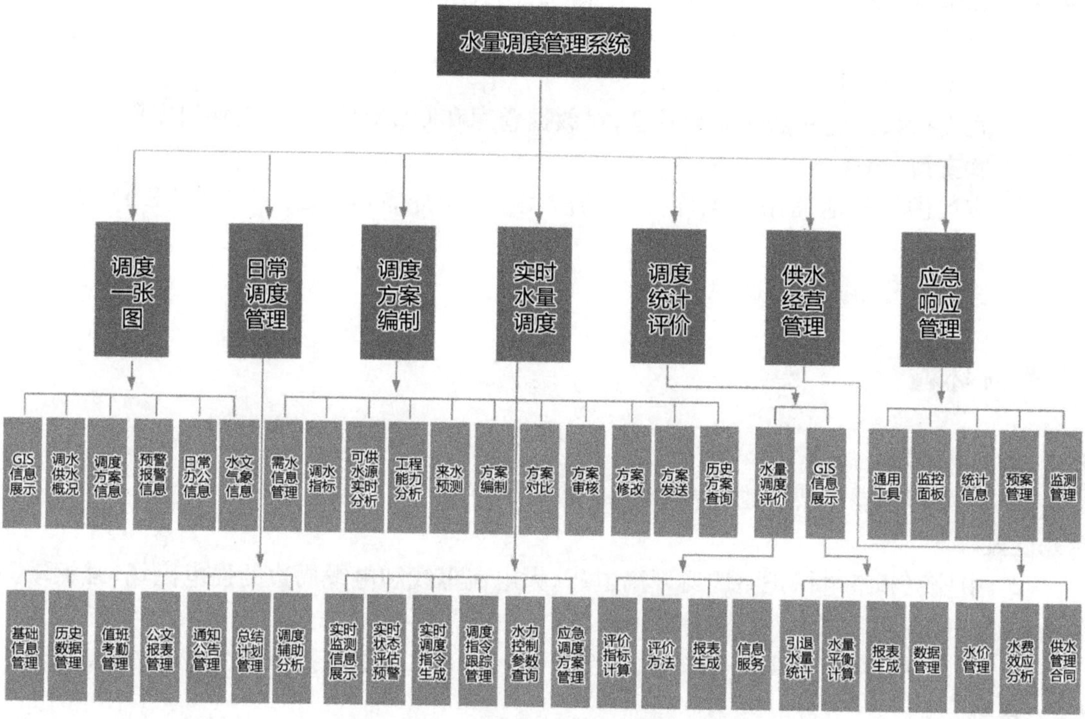

图 4　水量调度业务系统图

① 具有完善的信息编码体系，对泵站业务管理中涵盖的信息进行全面分类和编码管理。编码设计科学合理，并具备目录树结构显示、分类路径明确、多级同步维护（级联修改）、分类分级的多层次查询、数据传送量少等特点。

② 采用面向对象的方式设计，数据库结构清晰明确，数据库对象具有独立性；需求变更或业务重组时，程序与数据库的重用率高。

③ 实现过程数据存储管理，泵站整个生产流程或业务过程中产生的数据能进行完整的关联存储。其中运行数据正常情况应保证每 5 分钟存储 1 次，或当采集的状态输入量发生变化或模拟输入量的变化值超过死区时进行存储。数据应按年存放，过期数据应自动备份或提醒运行人员手工备份。

④ 支持数据挖掘功能。可对不同时段的历史数据进行分析、计算、存储，实现预报、调度等功能。

（2）应具有通信接口配置、通信报文以及通信状态监视界面，运行维护人员可实时查看数据通信、数据存储情况，包括数据接收的时间、数据是否成功写入数据库等。

（3）对于不能自动采集的运行管理数据，应具有手工输入数据的人机接口。

7.4.2　信息发布程序应满足下列要求

（1）信息发布程序应采用浏览器/服务器结构，应至少支持 5 个及以上客户同时访问。

（2）发布的画面应与计算机监控系统的画面相近，画面上的数据应动态显示与刷新。

（3）可通过信息发布程序查看视频监视系统的实时图像。

7.4.3 数据库平台软件应选用满足下列要求的通用关系型数据库软件

(1) 应采用客户机/服务器体系结构。

(2) 应支持快速存取和实时处理。

(3) 宜支持数据仓库的建立和管理,对数据仓库和 OLAP 应用有完善的支持。

(4) 宜支持 XML。

(5) 应提供与其他商用数据库连接的应用接口,支持 ODBC、ADO、OLE DB 等接口标准。

(6) 宜支持分布式的分区视图等。

8 系统环境

8.1 场地与环境

(1) 泵站可根据需要分别设置中控室、继电保护室、不间断电源(UPS)室等,也可部分合并设置。

(2) 中控室和继电保护室应避开高电压、大电流母线和电缆周边的强电磁场、强振动源和噪音源。

(3) 中控室温度宜为 15～30℃,湿度宜 40%～70%;继电保护室温度宜为5～35℃。

8.2 电源

(1) 信息化系统配电电源供电方式宜采用 TN—S 制式。

(2) 系统所有设备应能在下列电源条件下正常工作和不遭受损坏:

① 交流电源:单相或三相 220×(1±5%)V/380×(1±5%)V,50×(1±2%)Hz;

② 220 V 直流电源范围:187～253 V。

(3) 站控级设备应采用不间断电源供电,配置方式可采用独立方式或冗余方式;宜设置专用配电柜实现对电源输入输出回路的统一管理。

(4) 摄像机宜由低压配电系统专用供电回路供电。摄像机和视频切换控制设备宜采用同相电源。

(5) 防雷与接地

① 信息化系统接地应利用泵站的公用接地网,接地电阻不应大于 1 Ω。

② 系统中各盘柜机外壳接地,应与泵站的公用接地网可靠连接。

③ 所有引入柜内的电源回路应配置浪涌保护器,并应采取有效的屏蔽措施,防止电磁干扰和雷电干扰。

④ 室外安装的摄像机应采取防雷措施,其接地电阻不应大于 10 Ω。

8.3 机柜

(1) 机柜应有屏蔽、防尘、通风和防潮措施,机柜的电磁屏蔽特性应保证本系统能正常工作和不影响泵站其他设备的正常工作。机柜外壳防护等级室内不应低于 IP41,室外不应低于 IP64。

(2) 机柜内的仪表装置宜采用嵌入式安装方式,操作开关、仪表、指示器宜布置在距地面以上 1.2～1.8 m 范围内。

(3) 柜内接线应采用耐热、耐潮、阻燃、具有足够强度的绝缘铜导线,导线应无损伤,端头应采用压紧型的连接件。

(4) 柜内接线应采用防火型线槽保护，外露部分接线应束在一起，并用适当的夹具固定或支撑。导线在线槽中所占用空间不宜超过70%。

(5) 机柜内部电源线和信号线宜分开布置。

9 系统运行维护

9.1 一般规定

(1) 管理单位应配备专业技术人员，对系统的运行维护进行授权管理。

(2) 管理单位应落实系统运行与维护经费。

(3) 管理单位制定系统管理制度规程，加强系统定期巡检和安全防护，及时处理运行故障，完善系统运行维护台账，保障系统正常运行。

(4) 系统运行管理人员应按照公司内部不同单位、部门及岗位职能划分权限。系统维护管理宜选择专业信息技术服务单位(运行维护服务机构)进行维护，维护任务的委托不解除管理单位的运行维护责任。

9.2 系统权限

(1) 系统管理员：负责系统账户、密码管理、网络数据库、系统安全防护管理。

(2) 运行值班人员：负责系统、现地控制单元运行操作、调用画面、查询、打印报表或历史数据等。

(3) 维护人员：负责系统维护及故障处理。

9.3 运行管理要求

9.3.1 自动监控系统

(1) 泵站自动监控系统应由被授权人员进行操作和管理。

(2) 运行值班人员应定时通过自动监控系统对设备运行状态进行监视并记录运行数据；应定期对被监控设备、自动监控系统设备、自动监控系统的工作状态、技术指标及参数进行巡视检查，发现异常及时汇报，并做好巡查记录和分析。

(3) 自动监控系统或被监控设备运行异常或故障时，运行值班人员应按照应急预案和异常处理作业程序的步骤进行处理，并及时汇报和通知维护人员。

(4) 交接班时，交接班双方应共同对被监控设备、自动监控系统进行检查，做好交接班记录。监控系统出现异常尚在处理时，不得进行交接班工作。

9.3.2 视频监视系统

(1) 运行值班人员应定时观察各个摄像点的图像，掌握被监视目标的运行状况、安全情况，并确定摄像机状况，发现故障及时上报并记录。

(2) 各个通道监视的图像以及各图像在显示器上的位置宜保持固定。

9.3.3 信息管理系统

(1) 运行操作人员根据授权级别做好终端设备的日常管理和清洁维护，接受系统管理员的检查和监督。

(2) 建立健全数据录入上报制度，明确数据录入人员和审核人员，按录入项目、周期及时准确录入并复核上报数据，保证信息的时效性和准确性。

9.4 维护管理要求

9.4.1 维护对象

运行维护服务机构应对下列各类基础设施进行维护：

(1) 物理环境：信息系统运行的机房环境及机房辅助设施，主要包括机房、配线间、空调、UPS不间断电源、供电系统、换气系统、除湿/加湿设备、防雷接地、消防、门禁、环境监控等。

(2) 信息采集设施：收集、传输和处理水情、雨情、工情等各种水利信息的设施，主要包括各类传感器、传输设备和接收处理设备等。

(3) 通信系统：信息传输的通信设备及其附属设施，主要包括光纤传输设备、程控交换设备等。

(4) 计算机网络：各类网络连接设备及数据传输线路，主要包括网络路由设备、网络交换设备、数据传输设备、流量管理设备、综合布线系统等。

(5) 主机：各类服务器及用户终端，主要包括小型计算机、服务器、虚拟服务器、台式计算机、便携式计算机、虚拟终端等。

(6) 存储备份：存储、备份系统信息的各类硬件设备及管理软件，主要包括存储网络设备、磁盘阵列、磁带库等硬件设备及存储管理系统、备份管理系统等管理软件。

(7) 基础软件：支持水利信息系统各类业务应用运行的支撑软件，主要包括数据库管理软件、中间件、GIS地理信息系统平台软件等。

(8) 数据资源：水利信息系统运行所需的数据，主要包括文本、图片、动画、音视频等通用数据及水文、水资源等专用数据。

(9) 安全设施：水利信息系统安全防护的硬件设备及软件系统，主要包括安全防控设备、安全检测设备、用户认证设备等硬件设备及安全防控软件、安全检测软件、用户认证系统等软件。

(10) 其他设施：水利信息系统其他基础设施，如视频会商等。

9.4.2 维护工作分类

(1) 监控巡检

① 运行维护服务机构应提供监控巡检服务，应实时或定期对信息系统运行状态进行监控，并定期对物理环境和硬件设备进行人工巡检。重要信息系统应实时自动监控，并定期进行人工监控，非重要信息系统及暂不具备实时监控条件的信息系统可定期监控。

② 运行维护服务机构应根据服务级别要求制订监控及巡检服务计划，应做好监控巡检记录，对于监控巡检中发现的问题应根据事先制定的工作流程进行通知、通告及处置。

(2) 例行维护

① 运行维护服务机构应提供例行维护服务，定期对信息系统进行保养、健康检查、系统更新、数据备份、病毒查杀等周期性维护；

② 运行维护服务机构应根据服务级别要求制订例行维护的服务计划，应做好例行维护工作记录，发现问题可根据事先制定的工作流程进行通知、通告及处置。

(3) 响应式维护

① 运行维护服务机构应根据业务需要进行配置变更、系统优化、信息更新等响应式维护，应做好响应式维护工作记录；

② 响应式维护开展前宜根据事先制定的工作流程进行申请审批、通知、通告；

③ 响应式维护实施前应制定实施方案，重点是应急恢复方案，保证系统的安全可靠及可恢复性。

（4）故障处置

① 运行维护服务机构应提供故障处置服务，在信息系统发生故障时，根据服务级别要求，在规定的时间内消除故障影响，并最终清除故障。

② 信息系统故障根据故障严重性和受影响系统的重要性分为特别重大、重大、较大和一般四个等级。重大及以上故障应启动应急预案，按预先制定的应急预案进行处置。

③ 故障处置宜遵循“先抢通、后修复、先核心、后边缘”的原则，优先保证重要业务的恢复，特殊情况酌情处理。

④ 故障处置应根据预设工作流程开展，根据故障情况适时启动应急响应机制。

⑤ 故障处置完成后应及时记录故障处理方法、做好故障总结，并定期进行统计分析，对发生频次较多的故障现象应进行重点分析，采取相应措施，降低故障发生率。

（5）应急响应

① 运行维护服务机构应提供应急响应服务，确保按预先制定的应急处置流程处置信息系统突发事件；

② 应制定应急响应流程，宜包括事故发现、事件接报、事件类型判断、应急预案启动、事态控制、应急恢复、应急结束等环节；

③ 应编制整体应急预案，可针对信息系统不同的服务级别明确相应的应急响应级别，针对重要系统制定专项应急预案，建立多手段、多层次的保障机制。应急预案宜包括编制目的、适用范围、系统说明、故障等级定义、应急预案启动条件、应急处置流程、应急组织等；

④ 应定期进行应急预案的培训与演习。应急响应结束后应及时进行总结，同步优化、调整和完善应急预案。

9.4.3 维护工作内容

（1）物理环境

① 定期对机房进行巡检，查看并记录照明、空调、UPS、换气系统、除湿/加湿设备、消防、门禁等机房辅助设施的运行状况、参数变化及告警信息；空调、UPS 等关键设施宜定期进行全面检查，保证其有效性。

② 实时监测机房超温、超湿、漏水、火情、非法入侵等异常情况。

③ 定期对空调、UPS 等机房辅助设施进行保养。

④ 根据服务级别要求按时修复故障设施。

⑤ 制定应急预案，应急预案可纳入整体应急预案中；应定期进行预案演练。

⑥ 做好机房出入管理，人员进出应审批并登记，门禁记录宜每月检查并留存。

⑦ 定期进行总结评估，对物理环境运行状况及运行维护工作情况进行分析，提出改进意见。

⑧ 做好物理环境技术资料的收集、整理，定期提交物理环境设备清单，绘制、更新机房机柜布置图；做好运行维护工作过程文档的收集、存档。

（2）计算机网络

① 定期对计算机网络设备进行巡检，查看并记录设备运行状况及告警信息。

② 实时或定期监控计算机网络运行状况，监控内容包括：网络设备运行状态，网络设备CPU、内存占用率情况，网络设备日志检查分析，主要网络节点之间的丢包、延迟等情况，网络链路通断情况，网络链路带宽占用情况，网络流量情况。

③ 定期对计算机网络设备进行例行维护，维护内容包括：网络设备健康检查，主要设备应定期进行包括性能分析、安全审计的全面健康检查；设备登录口令定期修改；网络设备固件升级；网络设备配置文件应定期备份，设备配置变化后应及时备份。

④ 根据需要对计算机网络进行响应式维护，维护内容包括：网络规划调整、网络资源分配、网络设备配置变更。

⑤ 根据服务级别要求按时修复网络故障。

⑥ 制定应急预案，应急预案可纳入整体应急预案中；应定期进行预案演练。

⑦ 定期进行总结评估，对计算机网络运行状况及运行维护工作情况进行分析，提出改进意见。

⑧ 做好计算机网络技术资料的收集、整理，提交计算机网络设备及线路清单，定期绘制、更新详细的网络拓扑图，定期提交网络资源分配情况表；做好维护工作过程中文档的收集、存档。

(3) 服务器

① 定期对各类服务器进行巡检，查看并记录设备运行状况及告警信息。

② 实时或定期监控服务器运行状况，监控内容包括：服务器运行状态，服务器CPU、内存占用率情况，服务器日志检查分析，服务器磁盘利用率。

③ 定期对服务器进行例行维护，维护内容包括：服务器健康检查，主要设备应定期进行包括性能分析、安全审计的全面健康检查；服务器登录口令定期修改；服务器固件及系统软件升级；备份策略审核。

④ 根据需要对服务器进行响应式维护，维护内容包括：服务器配置变更、服务器备份策略调整。

⑤ 根据服务级别要求按时修复故障服务器。

⑥ 制定应急预案，应急预案可纳入整体应急预案中；应定期进行预案演练。

⑦ 定期进行总结评估，对服务器运行状况及运行维护工作情况进行分析，提出改进意见。

⑧ 做好服务器技术资料的收集、整理，宜定期提交服务器设备清单，定期绘制服务器连接图；做好运行维护工作过程文档的收集、存档。

(4) 终端

① 定期对终端设备进行清查，清查内容包括：终端基本信息、硬件信息、网络信息、安全隐患状况等。

② 实时或定期监控终端安全状况，监控内容包括：终端感染木马病毒等以及未完成的漏洞修补等信息，分析终端安全日志。

③ 定期对终端进行全面检查，检查内容包括：终端防病毒软件的有效性、终端安全管理软件的有效性、终端信息(使用人、IP地址等)的一致性。

④ 根据需要对终端进行响应式维护，维护内容包括：终端入网、离网和变更；终端操作系统、办公软件等软件安装、配置、问题解答；终端病毒查杀；打印机等外联设备的安装、

配置。

⑤ 根据服务级别要求按时修复终端系统故障。

⑥ 做好终端信息的收集、整理；做好运行维护工作过程文档的收集、存档。

（5）存储

① 定期对各类存储系统进行巡检，查看并记录设备运行状况及告警信息。

② 实时或定期监控存储系统运行状况，监控内容包括：存储系统运行状态；存储系统CPU、内存占用率情况；存储系统日志检查分析；存储空间利用率。

③ 定期对存储系统进行例行维护，维护内容包括：存储系统健康检查，主要设备应定期进行包括容量分析、性能分析的全面健康检查；存储系统登录口令定期修改；存储系统固件及系统软件升级。

④ 根据需要对存储系统进行响应式维护，维护内容包括：存储空间划分、调整等配置变更；存储系统数据迁移、同步、复制等。

⑤ 根据服务级别要求按时修复发生的存储系统故障。

⑥ 制定应急预案，应急预案可纳入整体应急预案中；定期进行预案演练。

⑦ 定期进行总结评估，对存储系统运行状况及运行维护工作情况进行分析，提出改进意见。

⑧ 做好存储系统技术资料的收集、整理，宜定期提交存储资源分配使用清单，定期绘制存储系统连接图；做好运行维护工作；过程文档的收集、存档。

（6）备份

① 定期对各类备份系统进行巡检，查看并记录设备运行状况及告警信息。

② 实时或定期对备份系统运行状况进行监控，监控内容包括：备份系统运行状态、备份作业情况、备份系统日志检查分析、备份空间利用率。

③ 定期对备份系统进行例行维护，维护内容包括下列几个方面：备份系统健康检查，主要设备应定期进行全面健康检查，包括容量分析；备份系统登录口令定期检查、修改；备份系统固件及系统软件升级；备份系统的数据资源定期进行恢复测试。

④ 根据需要对备份系统进行响应式维护，维护内容包括：备份策略调整等配置变更，备份客户端的安装、卸载等。

⑤ 根据服务级别要求按时修复备份系统故障。

⑥ 应制定应急恢复预案，并纳入整体应急预案中；宜定期进行本地、异地备份恢复测试。

⑦ 定期进行总结评估，对备份系统运行状况及运行维护工作情况进行分析，提出改进意见。

⑧ 做好备份系统技术资料的收集、整理，宜定期提交备份资源分配使用清单，定期整理备份策略；做好运行维护工作过程文档的收集、存档。

（7）数据库管理系统

① 实时或定期监控数据库系统运行状况，监控内容包括：数据库运行状态、数据库表空间占用率、分析数据库系统日志。

② 定期对数据库系统进行例行维护，维护内容包括：数据库健康检查，关键数据库应定期进行包括性能分析、安全审计的全面健康检查；数据库系统登录口令定期修改；数据库系

统软件补丁升级。

③ 根据需要对数据库系统进行响应式维护，维护内容包括：数据库用户权限管理、数据库表空间分配等资源规划及分配、数据迁移等；配合业务应用进行数据库性能监控和优化等。

④ 根据服务级别要求按时修复发生的数据库系统故障。

⑤ 制定应急预案，应急预案可纳入整体应急预案中；应定期进行预案演练。

⑥ 定期进行总结评估，对数据库系统运行状况及运行维护工作情况进行分析，提出改进意见。

⑦ 做好数据库系统技术资料的收集、整理，宜定期提交数据库资源分配使用清单；做好运行维护工作过程文档的收集、存档。

（8）工程视频

① 定期对工程视频系统设备进行巡检，查看并记录设备运行状况及告警信息。

② 实时或定期监控工程视频系统运行状况，监控内容包括：前端设备工作情况、监控图像质量、监控点位置、局端设备日志检查分析。

③ 定期对工程视频系统进行例行维护，维护内容包括：前端设备健康检查，主要设备应定期进行全面健康检查；局端设备健康检查，主要设备应定期进行全面健康检查；系统登录口令定期修改；系统软件升级。

④ 根据需要对工程视频系统进行响应式维护，维护内容包括：接入前端设备的变化、调整及用户权限的分配。

⑤ 根据服务级别要求按时修复工程视频系统故障。

⑥ 制定应急恢复预案，并纳入整体应急预案中，宜定期进行演练。

⑦ 应定期进行总结评估，对工程视频系统运行状况及运行维护工作情况进行分析，提出改进意见。

⑧ 做好工程视频系统技术资料的收集、整理，宜定期提交工程视频系统接入图像资料清单；做好运行维护工作过程文档的收集、存档。

（9）业务应用系统

① 实时或定期监控业务应用运行状况，监控内容包括：业务应用运行状态，分析业务应用日志。

② 定期对业务应用进行例行维护，维护内容包括：业务应用健康检查，关键系统应定期进行全面健康检查，包括安全审计；业务应用数据的校核、清理；业务应用性能分析、优化；业务应用管理员登录口令定期修改。

③ 根据需要对业务应用进行响应式维护，维护内容包括：业务应用权限变更、业务流程调整等配置变更；业务应用数据的添加、修改、删除、导入及导出；业务应用系统补丁升级。

④ 根据用户需求进行软件功能性完善等开发工作。

⑤ 根据服务级别要求按时修复发生的业务应用故障。

⑥ 制定应急预案，应急预案可纳入整体应急预案中；应定期进行预案演练。

⑦ 定期进行总结评估，对业务应用运行状况及运行维护工作情况进行分析，提出改进意见。

⑧ 做好业务应用技术资料的收集，整理；做好运行维护工作过程中文档的收集、存档。

9.4.4 维护周期要求

系统维护内容及周期要求详见表 2。

表 2 系统维护周期表

工作内容	维护对象							
	物理环境	计算机网络	服务器	终端	储存系统	备份系统	视频系统	业务系统
巡检	每月	每月	每月	每月	每月	每月	每月	每月
监控	每日	每日	每日	每日	每日	每日	每日	每日
例行维护	—	每季度	每季度	每季度	每季度	每季度	每季度	每季度
响应式维护	—	当日	当日	当日	下一工作日	下一工作日	下一工作日	当日
设施保养	每季度	—	—	—	—	—	—	—
故障处置	实时	实时	实时	实时	实时	实时	实时	实时
分析总结	每年	每年	每年	每年	每年	每年	每年	每年
资料整理	每年	每年	每年	每年	每年	每年	每年	每年

10 考核与评价

（1）南水北调东线江苏水源有限责任公司对分公司工程信息系统的建设及运行管理工作进行评价。

（2）分公司对辖管泵站工程的信息系统建设及运行管理工作进行评价。

（3）泵站工程现场管理单位依据《南水北调江苏水源公司工程管理考核办法》及标准化体系文件，对信息系统的建设及运行管理工作进行自评，对规范实施中存在的问题进行整改。

（4）评价依据包括系统运行现状、检查维护记录、故障处理记录等。

（5）评价方法包括抽查、考问等，检查评价应有记录。

（6）对于信息系统的建设及运行管理工作的自评、考核每年不少于一次。